新型电力系统技术丛书

数据与知识联合驱动方法 在电力系统中的应用

APPLICATION OF DATA AND KNOWLEDGE JOINT DRIVING METHOD IN ELECTRIC POWER SYSTEM

王琦 李峰 汤奕 著

U0379835

东南大学出版社
SOUTHEAST UNIVERSITY PRESS
·南京·

图书在版编目(CIP)数据

数据与知识联合驱动方法在电力系统中的应用 / 王琦，李峰，汤奕著. — 南京：东南大学出版社，2023.6

（新型电力系统技术丛书）

ISBN 978 - 7 - 5766 - 0795 - 6

Ⅰ. ①数… Ⅱ. ①王… ②李… ③汤… Ⅲ. ①数据处理-应用-电力系统-研究 Ⅳ. ①TM7

中国国家版本馆 CIP 数据核字(2023)第 120042 号

责任编辑:夏莉莉　　责任校对:韩小亮　　封面设计:顾晓阳　　责任印制:周荣虎

数据与知识联合驱动方法在电力系统中的应用

Shuju Yu Zhishi Lianhe Qudong Fangfa Zai Dianli Xitong Zhong De Yingyong

著　　者	王琦 李峰 汤奕
出版发行	东南大学出版社
社　　址	南京市四牌楼 2 号(邮编:210096　电话:025 - 83793330)
网　　址	http://www.seupress.com
电子邮箱	press@seupress.com
经　　销	全国各地新华书店
印　　刷	苏州市古得堡数码印刷有限公司
开　　本	787 mm×1092 mm　1/16
印　　张	9.75
字　　数	184 千字
版　　次	2023 年 6 月第 1 版
印　　次	2023 年 6 月第 1 次印刷
书　　号	ISBN 978 - 7 - 5766 - 0795 - 6
定　　价	49.00 元

本社图书若有印装质量问题,请直接与营销部联系,电话:025 - 83791830。

前 言
PREFACE

知识驱动方法与数据驱动方法是指导工程人员研究电力系统的两大方法论。然而随着电网规模日趋扩大、时变因素日益增多和非线性逐渐增强,基于知识驱动的机理模型方法或基于数据驱动的经验模型方法在电力系统相关应用中将面临更多的挑战。充分利用数据驱动方法与知识驱动方法的互补特性,将二者联合,有望实现应用中综合性能的提升。

本书对各研究领域中的数据与知识联合驱动方法进行了整理归纳,结合电力系统的特点和需求,梳理了数据与知识联合驱动的典型应用方式,针对潜在的应用场景进行了详细讨论,并在电力系统应用场景中测试验证了数据与知识联合驱动方法的应用效果。全书结构如下:

第一章:对数据-知识驱动方法的特点以及互补特性进行阐述,并说明了电力系统分析与评估等问题对于数据与知识联合驱动方法的需求。

第二章:以电力系统暂态稳定应用为例,分析了数据驱动方法在电力系统应用中的适应性、现状和问题。

第三章:对各研究领域中数据与知识驱动方法的应用方式进行调研和讨论,并进一步结合电力系统应用研究中的背景需求,总结出四种典型的数据与知识驱动的联合模式,包括反馈模式、串行模式、并行模式和引导模式,并以并行模式为例,从理论上分析了数据与知识联合驱动方法的优势。

第四章至第九章:针对电力系统模型参数辨识、状态估计、频率分析、稳定性预测、稳定性评估、对抗攻击防御等方面存在的问题,基于典型的数据与知识联合驱动方法,提出相应解决方案。

　　本书的具体分工如下:前言及第一章、第三章、第五章、第九章由王琦编写;第二章由汤奕编写;第四章、第六章至第八章由李峰编写。在本书的编写过程中,胡健雄、吴忠、刘增稷等研究生为本书的资料检索和算例分析等方面做了大量工作,缪蔡然、吴舒坦、夏宇翔、马煜承、贺全鹏、于昌平、张静、宋嘉雯等研究生为本书的排版和文字校核等方面做了大量工作,在此表示感谢。东南大学出版社夏莉莉编辑在本书的编写和修改过程中花费了大量心血,再次表示特别感谢!

目 录
CONTENTS

第一章
绪论

现代电力系统在电源组成、网架规模和负荷特性上相比以往发生了巨大变化[1]，具有更强的不确定性、复杂性和非线性，在实际运行控制中面临着更多的困难，亟需更加完善和灵活的分析与控制方法。

在电力系统相关应用中，知识驱动的方法已经证明了其指导实际生产活动的有效性，例如频率稳定分析中的系统频率响应（System Frequency Response，SFR）模型、功角稳定分析中的扩展等面积准则（Extended Equal Area Criterion，EEAC）等。知识驱动方法有助于辨明问题起源，认识问题机理，提取普适规则，实施控制决策，并且能够在应用场景发生变化时，通过模型细化或参数修改等方式扩展，以增强模型适应性[2]。但知识驱动方法也面临诸多问题：知识模型误差难以避免、知识模型难以清晰表达、计算难度大、模型复杂度与准确度矛盾等问题[3-4]，限制了物理机理方法在实际电力系统应用中的实施效果。

数字新基建的建设，推动了数据驱动方法在电力系统中的应用。数据驱动方法以数据构建模型，包括统计分析方法、人工智能方法等[5-6]。一方面历史数据的分析有助于了解设备、系统在历史运行中的特性；另一方面在线数据的分析有助于了解设备、系统实际的运行状态，支撑电网运行态势感知、评估和预测[7]。数据驱动方法的性能高度依赖于数据规模和质量，而获取实际电力系统全面且合格的数据往往代价高昂。并且当前数据驱动方法的适用场景依然有限，难以应对电力系统中较为复杂的业务场景[8]。同时，在实际应用中数据驱动方法由于缺乏对知识的理解性和对结果的解释性，成为一个"黑箱"问题，通常需要人工做进一步分析决策。

综上所述，知识驱动方法能够对研究问题进行整体考虑，以具体的机理模型或者相关的规则描述研究对象的特性，有助于寻找问题本质和开发新理论；而数据驱动方法作用于有限场景下的数据样本，能够构建相关的经验模型，从数据中挖掘问题的特征。因此，若能够通过知识驱动方法与数据驱动方法的结合，实现对问题全局和局部特征、规则与经验的有机结合，将有助于提出性能更优的联合方法。在行为模式分析、故障诊断、交通预测、智能制造等研究领域，数据与知识联合驱动的方法已经取得了较好的效果。在电力系统领域,自 2016 年薛禹胜院士提出因果方法与机器学习融合分析的思考之后,数据与知识联合驱动方法的应用方兴未艾[9-11]。

与常规综述针对单一研究领域进行研究的方式不同,本书重点关注数据与知识联合驱动方法的研究和应用,涉及多个研究领域。本书中对不同研究领域中联合驱动方法和应用成果的总结归纳,将有利于丰富电力系统领域的研究手段。

1.1　数据驱动方法与知识驱动方法特点分析

本节从广义上对知识与数据方法的内涵,以及区别与联系进行简要讨论。

知识驱动方法与数据驱动方法在本质上都源于对人类知识的总结和扩展,都具有一定的数学理论基础。在现有的研究中,数据驱动方法能够将数据样本转化为经验模型,而知识驱动方法通常以物理机理模型或者知识规则的形式展现。虽然两种方法都以数学理论为骨架,但仍然存在一定区别,数据驱动方法中样本数据决定了经验模型的功能,而知识驱动方法中则相反,其机理模型的形式一般由功能和需求的特点决定,如图 1-1 所示。

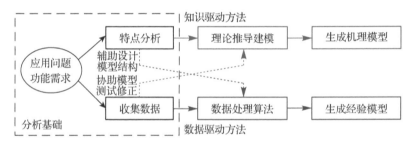

图 1-1　数据与知识驱动方法的分析基础与实施流程示意图

1.1.1　数据驱动方法

数据驱动方法摒弃了对研究对象内部机理的严格分析,以大量的试验及测试数据为基础,通过不同的数据处理算法(或标准的处理流程),分析数据之间的关联关系,生成经验模型。其特点在于以数据样本为基础提取变量间的关联关系,其中数据关联关系存在一定的模糊性,且普适性不及知识驱动方法。常用的数据驱动方法主要包括以下两类:

(1)统计分析方法

统计分析方法基于采集的数据样本和相关概率分布假设条件,通过计算分析样本的均值、方差、相关系数,发现变量或样本间的相关关系,从而直接做出相关的推论或判断。与人工智能方法相比,统计分析方法是以严格的数学推导为基础,结论具有更好的解释性。

（2）人工智能方法

人工智能方法基于固定的算法流程和框架,通过训练样本数据构建出经验模型。当新的样本数据产生时,经过经验模型处理即可快速给出结果。该方法在发现输入输出数据间的非线性关系方面具有优势,但对比统计分析方法,其性能更为依赖于样本数据的质量和数量,且其"黑箱"式的工作方式,造成结果解释性较弱。

统计分析方法更关注于分析样本数据或数据集的特性,而人工智能方法更关注于构建描述研究对象的近似模型。二者都具有固定的分析模式,但是受限于样本数据的质量和规模,也都只能对研究对象的局部特征描述,不能达到知识驱动方法全局统一分析的效果,由此可能导致模型泛化性能的不足。

1.1.2　知识驱动方法

知识驱动方法需要研究者高度介入,通过对深层机制、原理的理解来推断研究对象的特点,并结合功能需求以合适的数学表达式描述变量间的因果关系,其特点在于能够通过推理预测未知现象,且可以不断进行改进和结果验证。常用的知识驱动方法主要包括以下三类:

（1）模式分析

通过物理试验和充分观察,建立状态量与观测量间的数学关系,并以大量场景进行验证,最终形成统一的机理模型或关联规则。但是该方法依赖于研究人员的主观经验,模型完备性和合理性需经过长期的测试验证进行改进。

（2）概率模型

以概率分析理论为基础,将事件发生的不确定性以概率的形式进行表示和推广,从而评估事件发生的可能性。该方法需要依据假设条件和统计数据获得概率模型形式和模型参数,具有天然的与数据驱动方法联合的能力。

（3）优化模型

以目标和约束的方式对待解决的问题进行描述,通过相关的算法搜索可行解或最优解。该方法模型构建简单明确,但是在最优解搜索求解方面存在难度,一是求解过程可能较长,二是求解结果在非凸场景下无法保证最优。

在漫长的科学发展史上,知识驱动方法得到广泛应用并获得令人信服的效果,但也面临诸多瓶颈问题,其性能具有进一步提升的空间。

1.1.3　数据与知识驱动方法的区别与联系

实际问题中往往结构化与非结构化规则并存,其中结构化规则直接而明确,非结构化规则隐晦而模糊,因此数据驱动方法与知识驱动方法在应用中通常不是单一地发挥作用的,如图1-2所示。例如,在统计分析中,虽具有各种数学原理和定律作为理论基础,但更强调在不同场景中对数据的处理,以进行归纳和分析,因此属于数据驱动方法。而在概率模型中,主要依赖于各种数学定理的推演,数据的作用主要体现在模型有效性验证和改进的过程,因此属于知识驱动方法。从二者的特性分析可以发现,统计分析与概率理论分别强调具体数据场景和抽象理论,具有天然互补特性,在应用和研究中难以割裂。

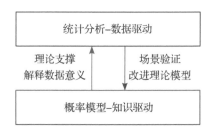

图1-2　统计分析与概率模型的联合应用方式

同样地,人工智能方法既需要算法理论作为支撑,又需要具体数据样本发挥其功能,由于其对数据样本的严重依赖,因此,将其划分为数据驱动方法。在优化模型相关问题中,场景抽象建模的过程依赖于专业的理论和知识,而在模型求解的过程中,主要的算法既包括基于数学原理的算法,又包括数值化的智能算法,考虑到优化模型并不以挖掘数据间关联关系为目的,故将其划为知识驱动方法。

在实际应用中,数据与理论相辅相成,使得严格区分数据驱动方法和知识驱动方法存在困难。因此,可以从功能性和目的性的角度,对数据驱动方法和知识驱动方法进行简单划分。数据驱动方法若缺失数据则无法实现其功能,而知识驱动方法主要以数据测试并改进模型,着重于场景抽象化以及理论推演。

1.1.4　电力系统中数据与知识驱动方法联合的必要性

在实际电力系统中,知识驱动方法常常面临着机理不明导致的模型构建困难、因素简化导致的模型误差,以及电网复杂性导致的计算难度大等问题。而数据驱动方法尽管面临着数据样本不足、解释性较差等方面的问题,但是它可以在信息处理、仿真技术和机理分析等方面辅助传统的物理知识驱动的电网暂态稳定评估方法。图1-3以电力系统暂态稳定评估问题为例,具体给出了知识驱动方法与数据驱动方法特点及其关联关系。

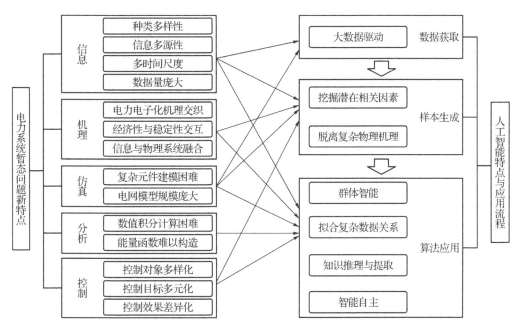

图 1 - 3 暂态问题中数据与知识驱动方法特点匹配分析

电网暂态问题的研究通常从物理机理出发,主要包括以电力系统动力学模型为基础的数值积分法以及各类稳定分析问题的解析法,或两者相结合的混合法。从物理机理对暂态问题进行的研究依赖于电力系统机理剖析、数学建模与数值求解,物理因果逻辑清晰,但在解决复杂电力系统的暂态问题时存在两个问题:稳定问题本身物理机理的复杂性和在线应用时物理模型简化带来的误差。另外,从数据角度来研究电网暂态稳定问题,则是基于相关算法用数据模型取代复杂的电力系统数学模型,将电力系统视作"黑箱"系统进行输入与输出的关系拟合。因此,从数据角度对暂态问题进行的研究可以脱离物理机理,通过提取数据之间的关联关系来解决问题,计算速度优势明显。

理论上讲,若具备充足、精确的样本,数据驱动方法可精确拟合各种非线性环节的响应特性。但电力工业针对数据驱动方法(尤其是人工智能方法)的实际应用一直存在质疑:不受物理知识机理约束的方法给出的结果是否足够可靠? 这种质疑来自数据驱动方法"黑箱"式的应用方式,依赖数据间的数理统计关系而完全忽略输入输出间的自然联系。因此,即便部分方法具备极快的分析速度和良好的泛化性能,样本质量和数量依然会削弱其结果可靠性。

针对电力系统这一具备较成熟因果关系模型的对象,近年来,已有学者开始思考将知识模型和数据科学两类方法结合,用于解决电力系统中的各类问题,充分扬长避短,实现计算效率的提高。如何将基于因果关系的知识驱动方法与基于关联关系的数据驱动方法进行有效结合,提升电力系统中各类算法应用的精度和速度,是大数据时代的电力系统分析与控制方向亟待探索的研究方向。

1.2　本书结构

本书针对电力系统中数据方法与知识方法如何有机结合的问题进行了研究,以期去解决目前单一的数据或知识驱动方法在电力系统应用中面临的问题。

首先对领域中数据-知识驱动的方法研究进行调研,归纳出包括反馈、串行、并行和引导在内的四种典型的数据-知识驱动方法的联合模式。其次,从单一知识驱动方法和单一数据驱动方法在电力系统应用中面临的问题出发,分别采用四种典型的数据-知识联合驱动模式,去解决电力系统中直流系统稳定性、频率稳定性和功角稳定性等各类问题。本书各章节的组织结构关系如下所示:

第一章:对数据-知识驱动方法的特点以及互补特性进行阐述,并说明了电力系统分析与评估等问题对于数据-知识联合驱动方法的需求。

第二章:以电力系统暂态稳定应用为例,分析了数据驱动方法在电力系统应用中的适应性、现状和问题。

第三章:对各研究领域中数据-知识驱动方法的应用方式进行调研和讨论,并进一步结合电力系统应用研究中的背景需求,总结出四种典型的数据-知识驱动的联合模式,包括反馈模式、串行模式、并行模式和引导模式,并以并行模式为例,从理论上分析了数据与知识联合驱动方法的优势。

第四~九章:针对电力系统模型参数辨识、状态估计、频率分析、稳定性预测、稳定性评估、对抗攻击防御等方面存在的问题,基于典型的数据与知识联合驱动方法,提出相应解决方案。

1.3　参考文献

[1] 梅生伟.电力系统的伟大成就及发展趋势[J].科学通报,2020,65(6):442-452.

[2] 杨卫东,薛禹胜,荆勇,等.用 EEAC 分析南方电网中一个难以理解的算例[J].电力系统自动化,2004,28(22):23-26.

[3] 蔡国伟,孙正龙,王雨薇,等.基于改进频率响应模型的低频减载方案优化[J].电

网技术. 2013,37(11):3131 - 3136.

[4] Shair J,Xie X R,Wang L P, et al. Overview of emerging subsynchronous oscillations in practical wind power systems[J]. Renewable and Sustainable Energy Reviews,2019,99:159 - 168.

[5] Xu J X, Hou Z S. Notes on data-driven system approaches[J]. Acta Automatica Sinica,2009,35(6):668 - 675.

[6] 汤奕,崔晗,李峰,等. 人工智能在电力系统暂态问题中的应用综述[J]. 中国电机工程学报,2019,39(1):2 - 13.

[7] 侯庆春,杜尔顺,田旭,等. 数据驱动的电力系统运行方式分析[J]. 中国电机工程学报,2021,41(1):394 - 405.

[8] 赵晋泉,夏雪,徐春雷,等. 新一代人工智能技术在电力系统调度运行中的应用评述[J]. 电力系统自动化,2020,44(24):1 - 10.

[9] 薛禹胜. 因果分析及机器学习之间的壁垒与融合[C]//中国电力科学研究院 208 科学会议,北京:2016 - 5 - 13.

[10] 王琦,李峰,汤奕,等. 基于物理-数据融合模型的电网暂态频率特征在线预测方法[J]. 电力系统自动化,2018,42(19):1 - 9.

[11] Wang Q,Li F,Tang Y, et al. Integrating model-driven and data-driven methods for power system frequency stability assessment and control[J]. IEEE Transactions on Power Systems,2019,34(6):4557 - 4568.

第二章
数据驱动方法在电力系统中的应用——以暂态分析为例

　　随着智能电网建设的逐步推进[1]，远距离大容量输电方式[2]和高比例电力电子化[3]引入了新的风险，大功率缺额事故和复杂连锁故障进一步提高了电力系统稳定分析与控制的难度，准确掌握大电网的暂态态势实现在线安全稳定分析与控制，存在理论制约和技术瓶颈。电力量测和通信技术的快速发展，广域量测和外部信息（环境、气象、社会等）等大量数据的接入，使得电力系统已发展成为一个具有多源信息交互的高维时变非线性电力信息物理系统（Cyber Physical System，CPS）[4]。物理系统复杂化和信息系统多源化对暂态稳定分析的准确性和时效性提出了更高要求，引入数据驱动方法以满足当前暂态稳定研究要求成为非常热门的研究方向。

　　将数据驱动方法应用至电力系统暂态问题的研究始于 20 世纪 80 年代末[5-6]，研究人员在研究框架、数据处理和算法设计等方面进行了有益探索。但由于硬件性能约束和算法效率局限，数据驱动方法未能在该领域得到大规模实际应用。近年来，以人工智能（Artificial Intelligence，AI）技术为代表的数据驱动方法开启了新一轮以深度学习、高性能计算、大数据为特征的前沿技术的高速发展[7-9]。在此背景下，将 AI 应用于电力系统暂态稳定分析与控制再次成为研究热点。

　　数据驱动方法与电力系统暂态问题的特点紧密契合，主要体现在：（1）电力系统暂态过程机理复杂，涉及电磁暂态和机电暂态过程等，且影响因素数量庞大，仅在 IEEE 39 节点的测试系统中就达到数百个。相比于传统机器学习，现阶段深度学习在解决多因素共同作用、机理不明的复杂问题时占有优势[7]。（2）暂态问题时间尺度在毫秒级至秒级，需要在短时间内完成大量元件暂态响应特征数据处理计算。近年来，高性能计算发展迅猛，以 GPU 浮点计算峰值性能为例，从每秒百亿次发展到百万亿次。一个训练良好的电力系统暂态稳定预测 AI 模型通常能够在 10 ms 内实现预测，为实现暂态稳定的快速分析创造了条件。（3）针对电力系统暂态过程的仿真技术、软件和平台蓬勃发展能够提供大数据量级的样本。传统机器学习通过研究算法本身以提高性能，难以继续突破，而基于大数据的 AI 算法能够利用海量数据提高算法性能[10-12]。从以上三个方面，将数据驱动方法应用于电力系统暂态稳定成为值得探索的研究方向。

本章从电力系统暂态稳定问题的新特点出发,分析在各个研究领域出现的变化及数据驱动方法应用的必要性。从数据获取、样本生成和算法应用等方面对现有研究进行综述,并分析其存在的不足。基于以上归纳分析,针对部分现存不足,提出了数据驱动方法应用于暂态的改进研究思路,包括数据模型广度与深度继承、深度学习特征提取和数据物理融合建模等。

2.1　数据驱动方法对电力系统相关应用的适应性

暂态问题的传统研究是从物理机理出发,主要包括以数学建模为基础的数值积分法和分析系统能量转化的直接法[13]。利用数据驱动方法研究暂态问题,则是用数据模型取代复杂的电力系统模型或能量函数,将电力系统视作"黑箱"系统进行输入与输出的关系拟合。

数据驱动方法应用于暂态问题研究的理论基础在于包含物理机理的因果关系数据通常也表现出数据关联关系的外在特征。数据驱动方法在电力系统的应用中,利用 AI 的方法挖掘暂态问题中的数据关联关系就是从数据角度对暂态问题的物理特性的揭示。

暂态问题在信息、机理、仿真、分析和控制等方面出现新变化,如图 1-3 所示。下面将分别从这些方面论述 AI 应用的合理性。

(1)电力系统深度信息化

随着智能电网的建设,电力系统逐渐成为融合了量测、通信及多种外部系统(如气象、市场等)的电力物理信息系统[4,14]。信息的种类、结构和时间尺度多样化,并呈现出爆炸式增长趋势,海量信息能够为暂态问题的研究提供数据支撑。同时,海量数据的出现也促使针对暂态问题研究思维方式的转变[15]。

传统的基于因果逻辑的信息分析处理方法无法满足高维异构的多源信息的快速计算要求,AI 技术在大数据处理和信息挖掘方面兼具效率和精度的优势,有利于更好地发挥多源信息的价值。

(2)暂态稳定机理复杂化

特高压直流输电、柔性交流输电、新能源和变频器负荷等电力电子化元素加入电力系统,造成暂态问题研究对象复杂化[3,16-17]。利用 AI 算法拟合电力电子器件输入输出特性,进行小步长仿真,分析电力电子化电力系统暂态问题中的交织影响机理。随着以经济性为目标的电力市场的蓬勃发展,需要研究市场行为对电力系统暂态稳定的影响[18]。信息系统对于电力系统暂态稳定的影响也愈加明显[19-21]。暂态问题已需要从物理、经济、社会等多角度来研究其交互影响机理。

因此,针对电力系统暂态问题,不仅要充分剖析电力系统本身的物理机理,同时还应考虑借助数据驱动方法来突破已有物理知识的局限。首先,利用关联分析和特征提取技术将多个外部系统中与暂态稳定问题相关的数据进行整合;利用 AI 算法对机理复杂问题形成输入输出关系映射,突破多领域交互影响机理混杂的瓶颈问题,实现多角度的电力系统暂态问题机理研究。

(3)电网仿真模型精细化

由于电网中暂态稳定问题的实际案例有限,数据的缺失凸显了通过仿真来研究电力系统暂态问题的重要性。而现阶段仿真主要存在两方面问题:一是实际电力系统中的电力电子化等复杂环节导致电力系统建模难度大[22-23];二是现有硬件计算能力和数据吞吐速度难以处理大规模电力系统的庞大仿真数据量[24]。

针对实际电网复杂环节建模困难的问题,可探索利用数据驱动方法脱离物理机理的特点,通过拟合电力系统各环节的响应特性来简化建模问题。针对仿真规模庞大造成的计算问题,可尝试建立具备自我学习能力的仿真平台,通过引入 AI 算法使仿真程序通过部分场景仿真挖掘暂态问题的数据规则,以提升应对整体故障集的泛化能力,从而实现仿真数据通过映射关系的快速分析。

(4)暂稳分析方法局限化

针对电力系统暂态问题的分析方法主要分为数值积分法和直接法。随着电力电子化比例的提高,电力系统的离散特性不断增强。数值积分法建立的微分方程难以准确表征电力系统的静态和动态特性。直接法仅适用于电力系统暂态的第一摆周期,在现代电网中暂态问题交织的场景下,难以分析完整暂态过程。

基于数据驱动方法的暂态稳定分析方法,脱离了大量复杂机理分析,通过挖掘数据知识,暂态故障发展的全过程及最终稳定状态均可进行分析。

(5)暂态控制问题多样化

现阶段的电力系统暂态问题控制技术则面临控制对象范围扩大、控制目标维度增加,以及机理不明导致的控制难度加大等问题[25]。

电力系统中针对智能调控的研究是从智能控制的角度出发,希望将"知识"和"判断能力"赋予计算机,实现应对暂态问题的预防、紧急和恢复控制的全过程智能化[26-29]。因此,将数据驱动方法引入暂态问题的控制领域,利用 AI 在群体智能、处理复杂数据关系和学习能力上的优势,有助于缓解传统控制模式应对不确定性场景控制的压力[30]。

综上所述,暂态问题的研究面临诸多技术瓶颈,而数据驱动方法可以脱离物理因果关系的约束,通过复杂数据关系的拟合,实现基于数据驱动的问题分析。因此,将数据驱动的 AI 技术应用于电力系统暂态稳定问题成为由内向外的需求和由外向内的驱动相结合的发展趋势。

2.2 数据驱动方法应用于电力系统暂态分析现状

数据驱动方法在电力系统暂态稳定中的主要研究问题包括判定故障后系统暂态稳定性,预测故障后系统频率、功角和电压等关键参数态势,以及暂态故障后紧急控制措施量化等问题。以上三种暂态问题研究目标不同,但利用数据驱动方法展开研究均包含数据获取、样本生成和算法应用等环节,本节将从这三个环节对现有研究进行综述。

2.2.1 数据获取

获取电力系统暂态稳定分析相关的状态变量数据是数据驱动方法应用的首要问题。数据的规模、类型和质量等属性对于研究结果影响较大。现有研究的数据来源主要是仿真软件模拟数据,其优点在于能够根据研究需求自定义各种故障场景及数据量,为 AI 算法提供合适的训练测试数据集。现有研究的仿真参数设置方法可分为两类:人为确定和概率模型生成。

第一类方法依靠研究人员设置典型电源和负荷参数、故障类型,以及网络拓扑等[31-33];为了考虑负荷水平对电力系统暂态响应特性的影响,文献[31]在邦那维尔电力局(Bonneville Power Administrantion,BPA)中设置 $80\%\sim120\%$ 多种系统负荷水平进行仿真,避免单一运行状态导致的算法拟合空间过小的情况。文献[32]通过设置不同的负荷增长方式,凸显了电网拓扑的空间结构对暂态数据的影响。文献[33]在电力系统计算机辅助设计(Power Systems Computer Aided Design,PSCAD)中考虑负荷组成和电网拓扑对于暂态稳定的影响,在仿真中设置马达负荷的比例变化以及设定测试系统中输电线路的运行情况。

第二类方法依据概率模型设置仿真参数,该概率模型通常是基于元件或系统的部分实际数据生成,以尽可能模拟实际电网情况[34-35]。文献[34]采用概率模型设置发电机有功出力、电压和负荷水平,分别对设想的多种故障场景进行仿真,生成具有统计性显著的事故仿真集,从而模拟了真实电力系统运行状态的多样性。文献[35]依据实际系统中的典型统计数据,在仿真系统中引入故障发生点和故障类型的概率分布数据,模拟分析了测试系统的运行状态。

通过仿真计算能够实现批量化故障数据生成,但难以保证仿真与实际数据的一致性。针对实际电网的事故分析,经常出现仿真结果与真实故障结果不一致的问题[36]。针对仿真平台与软件的研究,可提高仿真的性能与可靠性,为实现电力系统暂稳分析模型精细化提供技术支撑[24,37]。

目前之所以采用仿真方法来获取暂稳分析数据,而不是依靠实际故障数据进行暂稳分析,主要原因在于实际电力系统发生故障特别是造成暂态失稳的故障概率极低,且因电力系统具有时变性导致历史数据适用性下降,难以为人工智能算法提供优质的训练数据[38]。就这一角度而言,如何提高仿真数据与实际故障数据的相似性是一个亟待解决的问题。利用 AI 技术中的数据拟合建立仿真数据与实际数据的映射关系,以修正仿真数据的偏差,是利用 AI 技术解决该问题的一个可行思路。

2.2.2 样本生成

电力系统原始数据包含了整个测试系统各采样点的每个时刻的数据,因而数据时空维度较高。若将所有数据均纳入 AI 算法训练中,训练时间、训练精度和收敛性都很难控制。现有研究主要从数据预处理、特征属性选择和降维三方面对原始数据进行处理以获取可用于 AI 算法的暂稳样本,提高算法训练效率和保证测试准确度。

数据预处理是对原始数据进行加工使之成为满足研究需求的规范化数据,其处理方法根据问题的不同而有差异。针对仿真参数的随机特性,文献[39]研究分类边界附近的样本预测精度和速度间的协调问题,提出需进行预分类以分析样本分布规律。文献[40]中对所有仿真数据设置了 0~1% 的随机误差以模拟实际同步测量装置的测量误差。此外,AI 应用中常用的数据预处理方法还包括了数据清洗、数据集成和数据变换等。数据清洗是将暂态问题中的错误或缺失数据进行修正,数据集成则将与暂态问题相关的多源数据进行整合,而数据变换是将暂态仿真数据或实际数据格式转变为算法能够使用的形式。

特征属性选择实质上是主要依据暂态问题已知机理,将与研究问题紧密相关的因素保留而忽略影响较小的因素。文献[41]提出了特征维度与系统规模,特征值与暂态稳定机理,特征集计算量与评估时间等三方面特征选取原则。文献[42]将特征量分为静态与动态特性、发电机与电网参数、系统和单机参数,从每种参数类型中选取适当比例作为特征集。文献[43]从故障时序角度进行特征筛选,选取故障初始时刻和故障切除时刻等典型时间断面的系统参数。文献[44]着重考虑受扰严重机组对系统暂态稳定的影响,分别选取相对动能、归一化初始加速功率和失稳趋势相对加速度较大的机组作为特征属性选取对象。现有研究的特征选择基本都是从物理关联性角度进行,而基于数据分析规律的过滤法、包装法和嵌入法尚未得到广泛应用。

降维是通过分析特征间相关性与冗余度,以降低特征维度,提高特征的表达效率。经过特征选择后,若特征矩阵维度较高需要通过算法进一步降低特征维度。文献[45]为减小特征集冗余度,采用主成分分析法选取正交特征集以最小的维度表达原始特征集的信息。此外,线性判别法也是实现降维的主流方法[46]。

现有研究大多以标准测试系统为研究对象,样本生成方法能够较好适应。然而,实际电网的规模远大于测试系统,现有方法的适用性有待考证。此外,基于物理知识机理的特征属性选择方法存在一定的主观性和不完全性,可能会影响研究结果。

2.2.3 算法应用

算法选择是研究的核心内容,恰当的算法及合理的参数配置决定了对暂态问题研究的速度和精度。根据 AI 算法类型分类,现有针对暂态问题的研究主要是传统机器学习的分类与回归算法,以及最新发展的深度学习相关算法。下面分别介绍人工神经网络(Artificial Neural Network,ANN)、支持向量机(Support Vector Machine,SVM)、集成学习(Ensemble Learning,EL)和深度学习(Deep Learning,DL)等 AI 算法在暂态问题中的应用,并分析深度学习前沿技术应用于暂态稳定的前景。

人工神经网络具有较强可塑性,根据研究需要可以进行网络结构及激活函数的改造使之符合研究需求。因此,在电力系统的强非线性条件下广泛应用,建立了暂态稳定问题中诸多影响因素与系统状态的精确映射关系。文献[31]将概率神经网络与径向基函数网络组合形成复合神经网络,研究了多种事故后极限切除时间以及系统暂态稳定性预测。文献[47]用 ANN 作为三相短路故障后安全稳定指标的评估算法,利用了半监督反向传播算法实现了从离散稳定状态到连续稳定指标的映射。文献[48]研究利用样本压缩技术降低 ANN 的训练量以提高 ANN 在大电网中的训练效率,提出的信息熵与粗糙集理论结合的数据预处理方法实现了对输入特征的优化处理,并测试了三相短路故障后的暂态稳定性预测效果。文献[49]将发电机数据平均分配至神经网络阵列中,通过解释器对神经网络阵列输出结果进行综合评估,对测试系统遭遇各种短路故障后的暂态稳定性进行预测。已有研究表明了 ANN 在数据拟合能力上的优势,但也存在两个问题:一是 ANN 需要大量样本进行训练;二是 ANN 的训练计算规模随网络节点数增加呈指数级增长。

支持向量机基于统计理论中的 VC 维和最小结构风险原理,能够实现小样本空间下的准确分类。文献[33]采用 SVM 判断系统遭受对称与不对称故障后暂态稳定性,通过设置多种场景及不同参数以研究最优特征集选取方案,也验证了 SVM 的鲁棒性。文献[50]考虑不同参数下 SVM 的差异性,将多个 SVM 分类器综合成一个暂态稳定评估模型,降低了因参数选取不当造成稳定性误判或漏判的概率,测试了三相短路暂态故障场景下的应用效果。文献[51]针对电力系统中暂态样本实时更新的特点对 SVM 进行改进,实现了样本增量训练进而提高了预测模型的训练效率和时效性,对三相短路后的功角稳定进行算例分析。以上研究从多个角度验证了 SVM 对于暂态稳定判别的优越性。

集成学习通过结合策略将多个学习器组合成为泛化性能更强的算法模型,牺牲计算复杂度换取算法性能。文献[38]为了充分利用少量暂态样本,采取基于交叉熵的加权集成算法进行多种对称与不对称暂态故障后电网频率暂态态势预测,实现了小样本空间下的准确预测。文献[52]基于决策树算法构建了集成学习模型,能够适应系统的运行条件和线路拓扑的变化,实现了在线动态安全评估。文献[53]研究了三相短路故障后系统稳定性的分类问题,利用 AdaBoost 提升单一贝叶斯分类器的准确率,对于算法训练效率和防范过拟合问题均具有有益效果。集成学习算法解决了单一算法预测模型的精度波动问题,对于暂态问题评估结果的可靠性有较大提升。

深度学习随着近年来 AI 技术的迅速发展表现出了强大的数据挖掘能力,将之应用于暂态问题的研究也初有成效[42,54-56]。深度学习相较于传统机器学习方法能够利用海量样本提高算法精度,挖掘数据中的深层复杂关联关系。文献[42]采用"预训练—微调参数"的两阶段深度学习训练框架提高了暂态稳定评估问题在少量样本和无关特征条件下的精度。文献[54]针对大扰动故障后系统紧急控制策略量化问题,将卷积神经网络与强化学习相结合进行切机策略的优化,能够适应电网的运行方式、拓扑结果和故障类型多变的特点,提供了更加智能的调控策略。文献[55]采用深度置信网络算法评估暂态故障后系统稳定性,其结果不仅在数值精度上优于传统机器学习算法,且具有较强的物理解释性。文献[56]基于强化学习算法 Q-learning 研究了抑制大扰动故障后电力系统振荡的广域控制策略,该控制策略拓宽了系统安全域且有利于发电机和负荷安全运行。

除上述算法外,其他用于暂态稳定的 AI 算法还包括专家系统[5]、极限学习机[39]、贝叶斯模型[60]和决策树[61-62]等。

此外,生成对抗网络[57]、强化学习[58]和张量计算单元[59]等深度学习领域的众多新技术正在崭露头角,具有在电力系统暂态问题中应用的潜力。其中生成对抗网络可实现生成模型和判别模型的零和博弈,在应用于暂态稳定分析时可实现仿真数据生成模型和稳定性评估模型两者间的迭代训练;强化学习则是基于现有环境进行最大化收益的研究,在暂态故障发生后,如何利用紧急控制手段使得损失最小化正是强化学习能够解决的问题;张量计算单元是谷歌为深度学习框架 TensorFlow 设计的专用芯片,极大地提高了深度学习模型的运算速率。电力系统数万节点与线路的庞大规模对暂态稳定评估模型的训练和预测时间提出了严苛要求,张量计算单元能够提供每秒百万亿次的浮点计算,加速深度学习模型训练。

目前,将 AI 算法应用至暂态问题的局限性在于:电力系统的高维特性导致算法训练的耗时较长;单一预测模型的泛化性能难以应对复杂多变的电力系统运行场景;脱离电力系统物理机理的 AI 算法对于研究者而言是"黑箱"模型,可解释性较弱,难以分析暂态问题的物理本质。

2.3 数据驱动方法应用于电力系统暂态分析的探讨

以上对数据驱动方法中的 AI 技术在电力系统暂态稳定中的应用研究的现状进行了分析,并归纳总结了数据获取、样本生成和算法应用等三方面存在的问题。针对现有研究存在的部分问题,提出以下研究思路,对 AI 在电力系统暂态问题中的应用进行探讨。

2.3.1 数据稀缺与电力系统时变性问题

受网络拓扑、元件状态和故障类型等因素的影响,电力系统暂态过程场景呈现多样性,单一场景内数据稀缺,稳态和小扰动场景居多而大扰动场景较少。因此,亟须充分挖掘不同场景下数据集的关联关系,实现共有知识的挖掘及迁移,达到知识的广度继承。

电力系统运行过程中的数据累积能够为原有的规律挖掘提供数据补充。由于在线应用时间限制,应当在不重新进行大规模计算的基础上实现知识更新,实现知识模型的在线深度生长。

广度继承:以图 2-1 为例,解释数据广度继承思想。某电力系统初始状态(源领域)A 在网架拓扑、发电机配置和外部电网等方面形成了多个新场景(目标领域)A1、A2 和 A3。当目标领域出现时,可能导致电力系统暂态稳定性预测模型因数据缺乏而失效。因此,可从特征集和样本集两个角度寻求模型的广度继承,如图 2-2 所示:考虑在挖掘场景变化前后共有特征的基础上,实现知识的迁移,即利用源领域和目标领域的共性特征集进行模型训练,以提高源领域预测模型在目标领域的适用性;考虑电力系统运行场景未发生根本性变化,源领域和目标领域仍存在部分样本遵循相同数据规律,利用两者共性样本集进行预测模型训

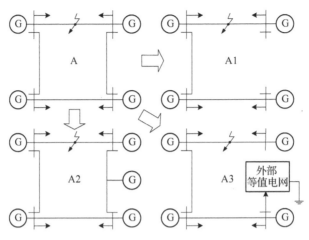

图 2-1 电力系统广度继承场景

练,以扩充目标领域的样本集,提高预测精度。

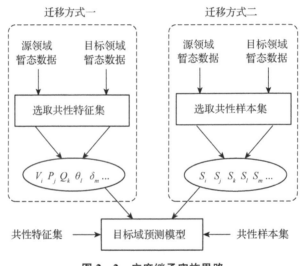

图 2-2 广度继承实施思路

深度继承:为有效管理电力系统运行中持续产生新样本数据,加强基于 AI 的电力系统暂态稳定性分析,需对新数据进行及时分类和学习。若采用重新对全部数据进行学习的方式,将需耗费大量的时间资源,甚至可能造成学习速度滞后于数据更新速度,即要求电力系统暂态稳定性预测模型亟须提升对知识快速更新、修正和加强的能力。如图 2-3 所示,利用深度继承思想提高电力系统暂态稳定性预测模型对新样本数据知识学习的效率,主要包括两方面的处理:一方面,通过分析新样本与初始样本集的包含关系,将包含新信息的样本保留并剔除冗余新样本,形成边界样本集;另一方面,利用边界样本集中对原有算法模型进行参数或结构的修正。

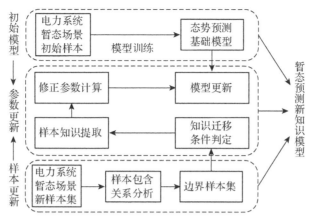

图 2-3　深度继承实施思路

基于上述深度继承思想,在 IEEE 39 节点系统和 NPCC 140 节点系统中验证了暂态预测模型更新算法的有效性。基于极限学习机(Extreme Learning Machine,ELM)的频率预测模型分别采用数据继承和完整训练进行模型更新,对比了两种方式的训练时间和测试误差。

表 2-1　两种频率预测方法模型训练时间对比

	IEEE 39 节点系统		NPCC 140 节点系统	
	数据继承方法	完整训练方法	数据继承方法	完整训练方法
初始耗时/s	0.005 7	0.005 7	0.017 3	0.017 3
更新耗时/s	0.005 2	2.967 0	0.176 4	6.717 4
总耗时/s	0.108 5	2.972 7	0.193 8	6.734 7
相对误差	0.007 1	0.012 4	0.149 0	0.180 0

结果表明,基于数据深度继承思想的算法模型更新耗时和预测精度优势明显,能够适应电力系统暂态稳定样本集的增长。

2.3.2　特征提取主观性和不完全问题

基于物理因果的特征提取只能针对机理明确的部分特征进行,而忽略部分机理不明或间接影响暂态问题的因素。针对这一问题,尝试提出一种基于深度学习的解决思路。

相比于一般机器学习算法需要人为设计高效的特征集,深度学习能够对全部特征进行自动处理,产生更复杂的组合特征,消除了特征提取算法可能的遗漏及研究者的主观因素,如图 2-4 所示。

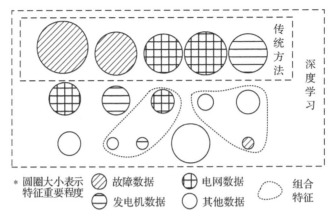

图 2-4　基于深度学习的特征选择示意图

图 2-5 中展示了深度学习进行电力系统暂态稳定问题特征提取和建模的过程。该框架由两层深度学习模型组成,一层用于特征提取,另一层用于对关键区域精细化建模。

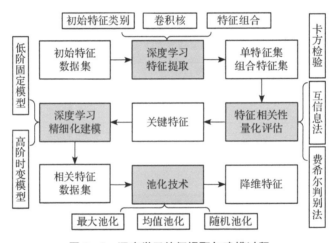

图 2-5　深度学习特征提取与建模过程

现有建模方法通常基于全网统一的简化建模标准,无法依据各区域、设备的重要程度区分建模,造成准确性的降低甚至模型结果的谬误,因此有必要针对深度学习提取的关键特征相关部分进行精细化建模。通过深度学习框架中的卷积神经网络实现特征的提取与降维。在卷积神经网络算法中,权值共享技术可实现输入参数的聚合,结合构造不同、参数不同的卷积核,实现关键特征的提取和抽象化。基于输入特征间关联关系,通过设计合理的池化函数,即可进一步实现精细化模型特征参数的压缩和降维。

2.3.3 AI暂态预测模型可解释性问题

为了充分利用电力系统已知物理因果知识,提高模型可解释性并减少 AI 对于数据的过拟合问题,国内外研究团队提出了知识驱动与数据驱动联合方法并展开了初步探索与研究[63-65]。

一方面,知识驱动方法能够为数据分析方法提供高熵信息,有助于提高数据模型分析的效率,即:输入特征中包含了待预测的目标特征,在通过优化过程求解数据模型参数时,可缩小搜索空间,降低计算复杂性;另一方面,有助于建立更优的数据模型,即:高熵的输入特征使建立数据模型的目标更明确,模型参数优化求解时更具针对性,避免陷入局部最优,从而提高数据模型的合理性。数据驱动方法能够弥补知识驱动方法中因为模型简化等造成的规律丢失问题。

知识-数据联合建模的核心在于二者的融合模式。根据暂态问题预测目标和数据集的差异性,需要研究不同的知识与数据驱动方法融合模式:一、将物理知识嵌入数据模型中,提高数据模型计算效率;二、物理知识模型过于简化而导致的低精度问题,此时可依靠具有丰富样本基础的数据驱动方法去拟合误差规律并校正;三、物理知识模型因机理不明难以建模,而通过数据驱动方法挖掘其中的物理机理,以辅助物理知识模型的建立或其中模型参数的修正;四、对于物理知识模型和数据模型的预测结果进行加权,以提高预测结果稳定性。

基于上述知识-数据融合模式二,在 New England 39 节点系统中对三相短路故障后系统频率参数进行预测[66],对比了知识-数据联合驱动方法、纯数据预测方法(SVM 和 ELM)和简化物理模型方法(SFR)的预测精度,结果如表 2-2 所示。由表 2-2 数据可知,基于知识-数据联合驱动方法对暂态频率态势的预测精度更高。

表 2-2　**New England 39 节点系统各方法**

预测误差	最低频率/Hz	最低频率时刻/s	稳态频率/Hz
SVM	0.061	0.438	0.016
ELM	0.054	0.441	0.015
SFR	0.244	2.724	0.220
融合方法	0.033	0.262	0.009

2.4　参考文献

[1] 周孝信,陈树勇,鲁宗相.电网和电网技术发展的回顾与展望:试论三代电网[J].

中国电机工程学报,2013,33(22):1-11.

[2] 汤广福,庞辉,贺之渊.先进交直流输电技术在中国的发展与应用[J].中国电机工程学报,2016,36(7):1760-1771.

[3] 朱蜀,刘开培,秦亮,等.电力电子化电力系统暂态稳定性分析综述[J].中国电机工程学报,2017,37(14):3948-3962.

[4] 赵俊华,文福拴,薛禹胜,等.电力CPS的架构及其实现技术与挑战[J].电力系统自动化,2010,34(16):1-7.

[5] Akimoto Y,Tanaka H,Yoshizawa J,et al. Transient stability expert system[J]. IEEE Transactions on Power Systems,1989,4(1):312-320.

[6] Fischl R,Kam M,Chow J C,et al. Screening power system contingencies using a back-propagation trained multiperceptron[C]//IEEE International Symposium on Circuits and Systems. Portland,America,1989.

[7] Lecun Y,Bengio Y,Hinton G. Deep learning[J]. Nature,2015,521(7553):436-444.

[8] Silver D,Schrittwieser J,Simonyan K,et al. Mastering the game of Go without human knowledge[J]. Nature,2017,550(7676):354-359.

[9] Zhao W,Xu W,Yang M,et al. Dual learning for cross-domain image captioning [C]//CIK'17 Proceedings of the 2017 ACM on Conference on Information and Knowledge Management. New York,America,2017:29-38.

[10] Deng J,Dong W,Socher R,et al. Imagenet:A large-scale hierarchical image database[C]//IEEE Computer Society Conference on Computer Vision and Pattern Recognition,Miami,America,2009:248-255.

[11] Wang B,Fang B,Wang Y,et al. Power system transient stability assessment based on big data and the core vector machine[J]. IEEE Transactions on Smart Grid,2016,7(5):2561-2570.

[12] 赵俊华,董朝阳,文福拴,等.面向能源系统的数据科学:理论、技术与展望[J].电力系统自动化,2017,41(4):1-11.

[13] Bhui P,Senroy N. Real-time prediction and control of transient stability using transient energy function[J]. IEEE Transactions on Power Systems,2017,32(2):923-934.

[14] 王建,熊小伏,梁允,等.地理气象相关的输电线路风险差异评价方法及指标[J].中国电机工程学报,2016,36(5):1252-1259.

[15] 薛禹胜,赖业宁.大能源思维与大数据思维的融合(一):大数据与电力大数据

[J]. 电力系统自动化,2016,40(1):1-8.

[16] 毕天姝,刘素梅,薛安成,等. 逆变型新能源电源故障暂态特性分析[J]. 中国电机工程学报,2013,33(13):165-171.

[17] 秦晓辉,张志强,徐征雄,等. 基于准稳态模型的特高压半波长交流输电系统稳态特性与暂态稳定研究[J]. 中国电机工程学报,2011,31(31):66-76.

[18] 薛禹胜. 电力市场稳定性与电力系统稳定性的相互影响[J]. 电力系统自动化,2002(21):1-6.

[19] 汤奕,陈倩,李梦雅,等. 电力信息物理融合系统环境中的网络攻击研究综述[J]. 电力系统自动化,2016,40(17):59-69.

[20] 郭庆来,辛蜀骏,王剑辉,等. 由乌克兰停电事件看信息能源系统综合安全评估[J]. 电力系统自动化,2016,40(5):145-147.

[21] 郭庆来,辛蜀骏,孙宏斌,等. 电力系统信息物理融合建模与综合安全评估:驱动力与研究构想[J]. 中国电机工程学报,2016,36(6):1481-1489.

[22] 贺之渊,刘栋,庞辉. 柔性直流与直流电网仿真技术研究[J]. 电网技术,2018,42(1):1-12.

[23] 谢小荣,刘华坤,贺静波,等. 新能源发电并网系统的小信号阻抗/导纳网络建模方法[J]. 电力系统自动化,2017,41(12):26-32.

[24] 黄彦浩,于之虹,谢昶,等. 电力大数据技术与电力系统仿真计算结合问题研究[J]. 中国电机工程学报,2015,35(1):13-22.

[25] 汤涌. 基于响应的电力系统广域安全稳定控制[J]. 中国电机工程学报,2014,34(29):5041-5050.

[26] 刘强,石立宝,周明,等. 现代电力系统恢复控制研究综述[J]. 电力自动化设备,2007(11):104-110.

[27] 汪震,宋晓喆,杨正清,等. 考虑暂态安全的预防-紧急协调控制问题研究[J]. 中国电机工程学报,2014,34(34):6159-6166.

[28] 兰洲,倪以信,甘德强. 现代电力系统暂态稳定控制研究综述[J]. 电网技术,2005(15):40-50.

[29] 许洪强,姚建国,南贵林,等. 未来电网调度控制系统应用功能的新特征[J]. 电力系统自动化,2018(1):1-7.

[30] 童晓阳,叶圣永. 数据挖掘在电力系统暂态稳定评估中的应用综述[J]. 电网技术,2009,33(20):88-93.

[31] 姚德全,贾宏杰,赵帅. 基于复合神经网络的电力系统暂态稳定评估和裕度预测

[J].电力系统自动化,2013,37(20):41-46.

[32] 田芳,周孝信,于之虹.基于支持向量机综合分类模型和关键样本集的电力系统暂态稳定评估[J].电力系统保护与控制,2017,45(22):1-8.

[33] Gomez F R,Rajapakse A D,Annakkage U D,et al. Support vector machine-based algorithm for post-fault transient stability status prediction using synchronized measurements[J]. IEEE Transactions on Power Systems,2011,26(3):1474-1483.

[34] 周艳真,吴俊勇,冀鲁豫,等.基于两阶段支持向量机的电力系统暂态稳定预测及预防控制[J].中国电机工程学报,2018,38(1):137-147.

[35] Guo T Y,Milanovic J V. Probabilistic framework for assessing the accuracy of data mining tool for online prediction of transient stability[J]. IEEE Transactions on Power Systems,2014,29(1):377-385.

[36] 李兆伟,吴雪莲,庄侃沁,等."9·19"锦苏直流双极闭锁事故华东电网频率特性分析及思考[J].电力系统自动化,2017,41(7):149-155.

[37] 汤奕,王琦,倪明,等.电力和信息通信系统混合仿真方法综述[J].电力系统自动化,2015,39(23):33-42.

[38] Tang Y,Cui H,Wang Q. Prediction model of the power system frequency using a cross-entropy ensemble algorithm[J]. Entropy,2017,19(10):552.

[39] Zhang Y C,Xu Y,Dong Z Y,et al. Intelligent early warning of power system dynamic insecurity risk:toward optimal accuracy-earliness tradeoff[J]. IEEE Transactions on Industrial Informatics,2017,13(5):2544-2554.

[40] Zheng C,Malbasa V,Kezunovic M. Regression tree for stability margin prediction using synchrophasor measurements[J]. IEEE Transactions on Power Systems,2013,28(2):1978-1987.

[41] 管霖,曹绍杰.基于人工智能的大系统分层在线暂态稳定评估[J].电力系统自动化,2000(2):22-26.

[42] 朱乔木,党杰,陈金富,等.基于深度置信网络的电力系统暂态稳定评估方法[J].中国电机工程学报,2018,38(3):735-743.

[43] 顾雪平,李扬,吴献吉.基于局部学习机和细菌群体趋药性算法的电力系统暂态稳定评估[J].电工技术学报,2013,28(10):271-279.

[44] 叶圣永,王晓茹,刘志刚,等.基于受扰严重机组特征及机器学习方法的电力系统暂态稳定评估[J].中国电机工程学报,2011,31(1):46-51.

［45］唐飞，王波，查晓明，等. 基于双阶段并行隐马尔科夫模型的电力系统暂态稳定评估［J］. 中国电机工程学报，2013，33(10)：90 − 97＋14.

［46］Ye J P，Janardan R，Li Q，et al. Feature reduction via generalized uncorrelated linear discriminant analysis［J］. IEEE Transactions on Knowledge and Data Engineering，2006，18(10)：1312 − 1322.

［47］顾雪平，曹绍杰，张文勤. 人工神经网络和短时仿真结合的暂态安全评估事故筛选方法［J］. 电力系统自动化，1999(8)：16 − 19.

［48］刘艳，顾雪平，李军. 用于暂态稳定评估的人工神经网络输入特征离散化方法［J］. 中国电机工程学报，2005(15)：56 − 61.

［49］Amjady N，Majedi S F. Transient stability prediction by a hybrid intelligent system［J］. IEEE Transactions on Power Systems，2007，22(3)：1275 − 1283.

［50］戴远航，陈磊，张玮灵，等. 基于多支持向量机综合的电力系统暂态稳定评估［J］. 中国电机工程学报，2016，36(5)：1173 − 1180.

［51］叶圣永，王晓茹，刘志刚，等. 基于支持向量机增量学习的电力系统暂态稳定评估［J］. 电力系统自动化，2011，35(11)：15 − 19.

［52］He M，Zhang J，Vittal V. Robust Online Dynamic security assessment using adaptive ensemble decision-tree learning［J］. IEEE Transactions on Power Systems，2013，28(4)：4089 − 4098.

［53］卢锦玲，朱永利，赵洪山，等. 提升型贝叶斯分类器在电力系统暂态稳定评估中的应用［J］. 电工技术学报，2009，24(5)：177 − 182.

［54］刘威，张东霞，王新迎，等. 基于深度强化学习的电网紧急控制策略研究［J］. 中国电机工程学报，2018，38(1)：109 − 119.

［55］胡伟，郑乐，闵勇，等. 基于深度学习的电力系统故障后暂态稳定评估研究［J］. 电网技术，2017，41(10)：3140 − 3146.

［56］Hadidi R，Jeyasurya B. Reinforcement learning based real-time wide-area stabilizing control agents to enhance power system stability［J］. IEEE Transactions on Smart Grid，2013，4(1)：489 − 497.

［57］Goodfellow I J，Pouget-Abadie J，Mirza M，et al. Generative adversarial nets［J］. Advances in Neural Information Processing Systems，2014：2672 − 2680.

［58］Cutler M，Walsh T J，How J P. Real-world reinforcement learning via multifidelity simulators［J］. IEEE Transactions on Robotics，2017，31(3)：655 − 671.

［59］Jouppi N P，Young C，Patil N，et al. In-datacenter performance analysis of a tensor processing unit［C］//Proceedings of the 44th Annual International Sympo-sium on Computer Architecture. Toronto,Canada,2017.

［60］段青,赵建国,马艳.基于稀疏贝叶斯学习的电力系统暂态稳定评估［J］.电力自动化设备,2009,29(9):36－40.

［61］Amraee T,Ranjbar S. Transient instability prediction using decision tree tech-nique［J］. IEEE Transactions on Power Systems,2013,28(3):3028－3037.

［62］Zheng C,Malbasa V,Kezunovic M. Regression tree for stability margin predic-tion using synchrophasor measurements［J］. IEEE Transactions on Power Sys-tems,2013,28(2):1978－1987.

［63］薛禹胜.因果分析及机器学习之间的壁垒与融合［R］.中国电力科学研究院 208科学会议,北京,2016－05－13.

［64］尚宇炜,马钊,彭晨阳,等.内嵌专业知识和经验的机器学习方法探索(一):引导学习的提出与理论基础［J］.中国电机工程学报,2017,37(19):5560－5571,5833.

［65］Wang J X,Zhong H W,Lai X W,et al. Exploring key weather factors from ana-lytical modeling toward improved solar power forecasting［J］. IEEE Transac-tions on Smart Grid,2019,10(1):1417－1427.

［66］王琦,李峰,汤奕,等.基于物理-数据融合模型的电网暂态频率特征在线预测方法［J］.电力系统自动化,2018,42(19):1－9.

第三章

数据与知识联合驱动方法的应用及其典型模式

在实际工程中,按照研究对象模型表达的难度,机理模型可大致分为四类:(1) 机理模型可完全获取;(2) 机理模型可准确获取但不精确,包含有限的不确定性;(3) 机理模型可获取,但复杂性高,非线性强,时变性强;(4) 机理模型很难构建,不可获取。实际应用中,知识驱动方法主要面临着(2)～(4)类的问题,若要实现机理模型性能的突破,则必须对模型进行完善,而数据方法可在发现新变量、解释新现象方面提供辅助。

另外,数据方法常常受样本质量和数量的困扰,难以适应目标场景发生较大变化的情况。因此,在构建基于数据的经验模型时,也需要知识驱动方法的指导,如引入基于物理知识约束的先验条件,避免反常现象的产生,以增强经验模型适应性。

因此在实际问题研究中,通过联合数据与知识驱动方法,将有助于提升方法的整体性能,增强方法的应用效果。为能够较为完备地对已有的联合驱动方法和联合模式进行总结,本章对包含电力系统在内的各领域中的数据与知识驱动方法相关研究进行了调研和归纳整理,以期为该领域研究工作的进一步开展提供有益参考。

3.1 数据与知识驱动方法研究应用现状

数据与知识驱动方法依据其结合的紧密程度,可分为两类:上层联合和底层联合。在上层联合中,数据与知识驱动方法相互独立,输入输出之间耦合方式直接;而在底层联合中,数据与知识驱动方法相互影响,输入输出之间的耦合经过一定方式的转化或特殊处理。以此两类联合驱动方法进行详细讨论。

3.1.1 数据与知识驱动方法的上层联合

以上层联合的方式实现数据与知识联合驱动的方法,主要分为六大类:

(1) 以知识驱动方法为基础,为数据驱动方法提供样本或特征基础,例如在光伏出力预测的问题中,以光伏组件的机理模型为基础归纳光伏出力与天气特征的关系,从而以机理模型组合各种特征,作为人工智能模型的输入,最终提升数据驱动方法的性能。

（2）以数据驱动方法指导改进知识驱动方法构建的机理模型和实施框架，在发酵过程动力学建模、电池电压特性分析和电量估计问题中，实现了通过数据驱动方法修正机理模型的关键系数，提高机理模型适应性和准确性的目的[1-3]。同时，也有研究通过数据驱动方法选取合适的知识驱动误差修正模型的方式，实现机理模型准确性的提高。另外，也有在电力系统故障筛选的问题中，通过统计分析方法分析知识驱动方法在不同场景下的差异性特点，从而实现考虑不同因素的机理模型在故障筛选过程中的协调，提高计算效率[3]。

（3）通过数据驱动方法与知识驱动方法组合校正结果，例如，在电力系统临界切除时间估计的问题中，通过数据驱动方法挖掘机理模型类别对临界切除时间的影响模式，从而实现机理模型方法结果的快速校正[4]，在系统故障诊断分析与定位问题中，也有相似的研究思路[5-7]。另外，知识驱动方法也可应用于修正数据驱动方法的异常值，提高输出结果的合理性[8]。

（4）以数据驱动方法与知识驱动方法共同建模，利用知识驱动方法表示确定性的、线性的、可表示的部分，而利用数据方法表示非确定性的、非线性的、不可表示的部分[9-18]。例如，在化学生料分解率实时计算问题中，生成成分稳定的情况以知识驱动的机理模型描述，而利用数据驱动方法分析生料成分变化导致的分解率非线性变化特征，最终以二者加权的方式实现当前分解率的估算[9]。另外，在复杂问题建模中，利用知识驱动的机理模型表达已知部分，而用数据驱动的经验模型估计未知或难以建模的部分，也体现出一定的效果，具有参考价值[14]。

（5）在处理优化问题的过程中，通过知识驱动方法与数据方法的迭代计算，可获得更优的结果。在核磁共振成像问题中，通过迭代知识驱动方法与数据驱动方法的方式，对缺失信息进行补充，从而提高图像质量[19]。在交通流预测的问题中，通过知识驱动与数据驱动方法交互式融合的方式，实现机理模型适应性的增强和计算结果准确性的提高[20]。

（6）数据方法量化机理模式差异以及发现新模式[21-26]。在人的行为模式分析问题中，数据方法体现出挖掘新模式的能力，从而可以辅助知识驱动方法生成的行为模式库的更新[21-22]。而且数据方法具有分析变量间关联关系的能力，可以通过添加扰动的方式来解释经验模型中隐含的规则，虽然该规则可能只对局部有效，但一定程度上有助于提高数据驱动方法的解释性。

3.1.2 数据与知识驱动方法的底层联合

以底层联合的方式实现数据与知识联合驱动的方法，主要分为三大类：

（1）以知识驱动方法生成的规则指导数据方法经验模型的设计构建，例如，按照已有的机理知识和经验指导设计数据驱动经验模型的结构和约束条件，该方法没有明确的知识表达的形式，在实际进行测试之前，并不能确认先验规则引入的效果[27]。

（2）有研究首先将知识表达为确定性算式，然后再与数据模型融合[28-30]。在引导学习的联合应用模式中，将先验规则数学化，并嵌入影响数据驱动的经验模型的构建过程，在实际测试之前，即可大概了解经验模型的特性[28-29]。

（3）以数据驱动方法指导构建机理模型或对机理模型进行简化。通过数据挖掘发现的新组合特征可指导机理模型构建，例如，卷积神经网络已在组合特征挖掘中体现出好的效果，有助于机理模型的改进[31]。另外，数据方法也可拟合物理模型的参数关系和子模块特征，以简化模型[32-34]在制冷机建模问题中，以原有的以热力学定律为基础的物理模型及其框架为基础，将其中计算难度较大的机理模型以神经网络模型代替，从而确保仿真系统在计算复杂性、计算稳定性和计算灵活性上的平衡。

（4）利用优化模型与人工智能在表达形式上的相似性，将优化模型问题转化为人工智能问题，通过人工智能拟合原有优化模型的结果。一方面，将偏微分方程的求解问题离散化后转化为有约束的优化模型，再转化为有物理机理约束的机器学习问题，来拟合计算结果[35-39]。在求解较困难的系统动力学问题时，既利用数据驱动模型分析物理对象的外部扰动变化情况，又将偏微分方程离散化变成一种可训练的迭代卷积计算方式——细胞神经网络（Cellular Neural Network，CeNN）进行求解，该方法本质上通过偏微分方程的离散形式在数据驱动方法与知识驱动方法之间构建联系[35]。另外，对于非线性的偏微分方程也可以转化为深度网络结构，以深度学习技术代替求解。另一方面，知识驱动的优化模型方法也可以转化，从而通过训练人工智能问题求解[40-43]。在图像处理问题中，修正图像的过程等效于解决一个优化问题，而迭代求解的过程与深度学习技术的训练过程类似，可以在参数求解上建立一定的关联关系，因此二者的融合属于转化的融合，知识驱动的机理模型提供模型基础，数据驱动方法提供解决手段[42]。在求解非压缩流体运动方程的问题中，对于求解困难的机理模型部分，利用特征正交分解方法对模型降阶，再进行迭代计算，从而实现仿真计算效率的提高[43]。

3.2　数据与知识驱动方法的典型联合模式探讨

数据与知识联合驱动的方法在各领域、各场景中的应用方式千变万化，具体的联合方式需要结合场景需求进行设计。综合现有研究，指导数据与知识联合驱动应用的主要有四种联合模式，如图3-1数据与知识联合驱动典型模式所示。当将这些数据与知识联合驱动典型模式应用于电网暂态稳定评估问题时,仍需结合实际场景选择合适的联合模式。在本节中,首先对各类数据与知识联合驱动方法的模式进行归纳,并基于不同的数据与知识联合驱动模式,对其在电网暂态稳定评估问题中合适的应用场景进行探讨分析。

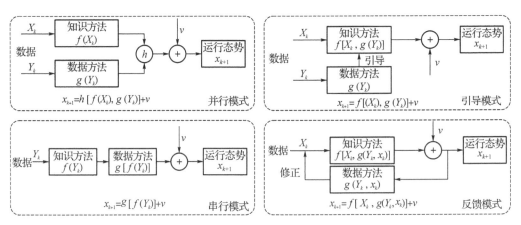

图 3-1　数据与知识联合驱动典型模式

3.2.1　并行模式

并行模式其主要特征为,将数据与知识方法结果综合处理后作为最终的输出结果,具体的处理方法包括直接叠加、因子相乘、加权求和、开关函数控制等。对于直接叠加、因子相乘的处理方式,主要适应于知识驱动的机理模型性能较差的场景,以数据驱动的经验模型预测机理模型输出与实际结果的误差;对于加权求和、开关函数控制的处理方式,主要适应于知识驱动的机理模型与数据驱动的经验模型效果较好的场景,从而结合实际场景的特点,实现二者结果的合理选取或加权求和。

在电网暂态稳定评估问题中,由于建模中对部分已知和未知因素的忽略,知识驱动的机理模型与实际对象之间总是存在差异,从而导致机理模型结果的误差难以避免。这种难以用机理模型表达的误差可通过数据驱动的方法进行描述,从而辅助提升机理模型的准确性。同时,知识驱动的机理模型与数据驱动的经验模型常常具有各自适合的应用场景,通过合理的特征协调两种方法,有助于提升方法对场景的适应性和计算效率。

3.2.2　串行模式

串行模式的主要特征为,通过数据驱动的经验模型修正知识驱动的机理模型的输出结果,从而达到提高结果准确性的目标。该模式主要适合于简化程度相对较大的机理模型,通过数据驱动方法发现不同场景下简化的机理模型的输出结果与实际结果的关联模式,从而实现利用数据驱动方法对机理模型结果的校正。

在电网暂态稳定评估问题中,大量在线实施的业务对计算速度有较高的要求,因而只能采用较简化的机理模型,计算结果准确性常常较差。另一方面,电网量测信息中存在着大量的可量测特征用于构建数据驱动的经验模型,但是海量特征中可能存在冗余特征,提高了设计构建经验模型的难度。而在串行模式中,依据电力系统的物理知识,通过机理模型或规则关系可以实现经验模型输入特征的高效组合和压缩,而且数据方法可以对机理模型的结果进行直接校正,从而在串行模式中能够实现数据与知识方法应用的协调。

3.2.3 引导模式

引导模式的主要特征在于,以已知的数据驱动的机理模型为基础,去指导构建合理的知识驱动经验模型。该模式中主要通过修改数据方法设置的方式,实现机理模型对经验模型构建的影响,例如在人工智能模型的训练过程中,将机理模型推导出的规则体现在数据方法的训练目标中,从而保证经验模型具有期望的性能。

在电网暂态稳定评估问题中,通常很关注研究问题的物理机理与决策结果的可解释性,从而能够指导研究人员去解决问题。而传统的数据方法着重于从数据样本中提取信息,从而可能造成数据方法对样本数据质量和数量的过度依赖,其生成的经验模型也可能由于缺乏明确的物理意义,而不具有实际指导意义。因此,在电力系统应用中,通过一定的方式将已知知识或规则融入数据驱动的经验模型构建中,将有助于经验模型在实际应用中发挥作用。

3.2.4 反馈模式

反馈模式的主要特征为,通过数据方法去修正或替代知识驱动的机理模型的相关模块或参数。该模式适合于知识驱动的机理模型中存在部分机理未知,或机理模型中参数不确定的场景。在反馈模式中,机理模型作为整个混合模型的基础模型来计算最终的输出结果,而数据驱动经验模型依据输出结果和实际结果,修正待预测值并代入机理模型中。

在电网暂态稳定评估问题中,知识驱动的机理模型常常面临着部分模块机理不明、模型参数不匹配的问题。而在实际电力系统运行中,能够依靠各种信息采集设备,对电力系统的状态进行量测,从而具有丰富的可用数据。因此,可以通过数据驱动方法对实际场景的数据进行处理,实现对机理模型中部分模块或主要参数的调整,从而提高机理模型对实际场景的适应性。

3.3 数据与知识联合驱动并行模式性能分析

3.3.1 并行模式融合模型定义与适用性条件

（1）并行模式下融合模型定义

假设电力系统 n 维特征空间中的特征向量 $x=[x_1,x_2,\cdots,x_n]^T\in\mathbf{R}^n$ 是满足概率分布密度函数 $D_0(x)$ 的分布。定义特征向量对应待研究问题的解为 $y\in\mathbf{R}$，其由映射 $f:\mathbf{R}^n\to\mathbf{R}$ 确定，满足 $y=f(x)$。基于从 $D_0(x)$ 分布中采样所得的分布满足 $D_1(x)$ 的数据集 $T=\{(x^{(1)},t^{(1)}),(x^{(2)},t^{(2)}),\cdots,(x^{(n)},t^{(n)})\,|\,t\in\mathbf{R}\}$，数据方法 $t=h(x)$ 通过在数据集 T 上训练而构建的 $x\to t$ 的映射，h 依赖于分布为 $D_1(x)$ 的数据集 T。而基于人为总结机理构建的物理方法 $y=g(x)$ 则不依赖于采样的样本及其分布。

基于知识驱动方法与数据驱动方法，通过不同的融合模式，在分布为 $D_1(x)$，样本数量为 m 的数据集 $S=\{(x^{(1)},y^{(1)}),(x^{(2)},y^{(2)}),\cdots,(x^{(m)},y^{(m)})\}$ 的基础上，将知识驱动方法与数据驱动方法进行融合，从而获得近似于映射 f 的 $x\to y$ 的映射 H。由于融合方法 $y=H(x)$ 中包含了数据驱动方法，它同样受到分布为 $D_1(x)$ 的数据集 S 的影响。

本章主要分析通过加权求和构建并行融合模式下数据与知识驱动方法融合模型 $y=H(x)$，$H(x)$ 定义为：

$$H(x)=ag(x)+h(x) \qquad (3-1)$$

其中，$a\in[0,1]$ 为融合系数。当 a 取 0 时，融合模型 $H(x)$ 为：

$$H(x)=h(x) \qquad (3-2)$$

即退化为纯数据方法模型。

为方便表述，在不引起歧义的前提下，分别用实际结果 y 表示实际映射 $f(x)$ 的输出，g 表示知识驱动的机理模型 $g(x)$ 的输出，h 表示数据模型 $h(x)$ 的输出。

（2）知识驱动的机理模型适用性条件

由于并行模式主要适应于知识驱动方法与数据驱动方法精度较高的场景，则在所融合模型的选择方面，被选用的知识驱动的机理模型本身应具有一定的准确性，采用知识驱动的机理模型在 x 下的输出值 $g(x)$ 与实际值 y 的相对误差评价知识驱动的机理模型的准确性，对物理模型假设如下：

$$\frac{y-g}{y} \in (-100\%, +100\%) \tag{3-3}$$

即物理模型的绝对相对误差小于 100%。显然,在满足(3-3)式的条件下,y,g 同号。

（3）数据模型适用性条件

并行融合模式下数据与知识驱动融合模型中的数据模型训练目标可表示为:

$$\min E[(y-ag-h)^2] \tag{3-4}$$

训练完成后的数据模型的输出 h 将受融合系数 a 的影响,因此 h 在任意分布 D 上的期望 $E_D[h]$ 是受 a 影响较大的函数。设:

$$h = \lambda(y-ag) \tag{3-5}$$

则,对于 λ 有:

$$\lambda = h/(y-ag) \tag{3-6}$$

对于 $h/(y-ag)$ 而言,其分母是数据模型 h 的标签,分子 h 为数据模型的输出,其比值 λ 在 D 上的期望 $E_D[\lambda]$,以及包含 λ 的函数 $\phi(\lambda)$ 在 D 上的期望 $E_D[\phi(\lambda)]$,它们主要由所选数据模型的复杂程度与训练效果决定,受 a 的影响较小。对融合模型中的数据模型做出假设:λ 与 a 无关。

（4）泛化误差定义

基于对融合模型的定义,以及融合模型中知识驱动的机理模型与数据模型的假设,分别就融合模型与知识驱动的机理模型以及融合模型与知识驱动的机理模型的泛化误差进行比较分析。在本章中采用平方损失函数计算泛化误差 $R_{\exp}(H|D_0)$,在忽略采样与传输过程中的误差后,融合模型的泛化误差 $M_0 = R_{\exp}(H|D_0)$ 定义为:

$$\begin{aligned} M_0 = R_{\exp}(H|D_0) &= E_{x\sim D_0}[(y(x)-ag(x)-h(x))^2] \\ &= \int (y(x)-ag(x)-h(x))^2 D_0(x)\mathrm{d}x \end{aligned} \tag{3-7}$$

基于上述假设与定义,下面分别通过融合模型与知识驱动的机理模型、数据模型泛化误差的对比,分析并行模式适用条件,提出融合模型参数的选取方法,并通过推导融合模型泛化误差上限总结提高融合模型性能的措施。

3.3.2　联合驱动模型与知识模型误差对比分析

参考式(3-7)中定义的融合模型的泛化误差,给出纯知识驱动的机理模型在分布 $D_0(x)$ 下的误差 M_1,有

$$M_1 = E_{X \sim D_0} \big[(y(x) - g(x))^2 \big] = \int (y(x) - g(x))^2 D_0(x) \mathrm{d}x \qquad (3-8)$$

定义知识驱动的机理模型系数 $k(x)$，同时考虑到对知识驱动的机理模型的假设，有：

$$k(x) = \frac{g(x)}{y(x)} \in (0, 2), \quad k^{-1}(x) = \frac{y(x)}{g(x)} \in (0.5, +\infty) \qquad (3-9)$$

为表述方便，在不引起歧义的条件下省略 (x)。将式 $(3-9)$ 代入式 $(3-8)$，可将知识驱动的机理模型误差 M_1 表示为：

$$M_1 = E_{X \sim D_0} \big[(y - g)^2 \big] = \int (k^{-1} - 1)^2 g^2 D_0(x) \mathrm{d}x \qquad (3-10)$$

同理，将式 $(3-5)$ 与式 $(3-9)$ 代入式 $(3-7)$ 所定义的融合模型泛化误差 M_0，有：

$$M_0 = E_{X \sim D_0} \big[(y - ag - h)^2 \big] = \int (1 - \lambda)^2 (k^{-1} - a)^2 g^2 D_0(x) \mathrm{d}x \qquad (3-11)$$

采用作商法比较融合模型误差 M_0 与纯知识驱动的机理模型误差 M_1，有：

$$\frac{M_0}{M_1} = \frac{\int (1-\lambda)^2 (k^{-1} - a)^2 g^2 D_0(x) \mathrm{d}x}{\int (k^{-1} - 1)^2 g^2 D_0(x) \mathrm{d}x} = \frac{\int (1-\lambda)^2 (k^{-1} - a)^2 D_g(x) \mathrm{d}x}{\int (k^{-1} - 1)^2 D_g(x) \mathrm{d}x} \qquad (3-12)$$

其中，$\int g^2 D_0(x) \mathrm{d}x$ 为非负常数，概率密度 $D_g(x)$ 定义为：

$$D_g(x) = \frac{g^2 D_0(x)}{\int g^2 D_0(x) \mathrm{d}x} \qquad (3-13)$$

对式 $(3-12)$ 进行分析：若满足条件 $k^{-1} \in (0.5, 1)$，总可以取某个融合系数 $a < 1$，使得 $(k^{-1} - a)^2$ 小于 $(k^{-1} - 1)^2$；若不满足条件 $k^{-1} \in (0.5, 1)$，则取 $a = 1$，能保证 $(k^{-1} - a)^2$ 等于 $(k^{-1} - 1)^2$。

由上述分析可以发现，通过对融合系数 a 的选取，总能使得 $(k^{-1} - a)^2$ 不大于 $(k^{-1} - 1)^2$，若在此基础上再满足条件 $(1 - \lambda)^2 < 1$，则总能保证式 $(3-14)$ 所示关系成立。进一步考虑式 $(3-6)$ 对 λ 的定义以及融合模型中数据模型的相对误差 ε_{hr} 定义，有：

$$
\begin{aligned}
(1-\lambda)^2 < 1 &\Rightarrow (1-\lambda)^2 (k^{-1} - a)^2 < (k^{-1} - 1)^2 \\
&\Rightarrow \int (1-\lambda)^2 (k^{-1} - a)^2 D_g \mathrm{d}x < \int (k^{-1} - 1)^2 D_g \mathrm{d}x \\
&\Leftrightarrow \frac{M_0}{M_1} < 1 \\
&\Leftrightarrow M_0 < M_1
\end{aligned}
\qquad (3-14)
$$

$$\varepsilon_{hr} = \frac{y-ag-h}{y-ag} = 1 - \frac{h}{y-ag} = 1 - \lambda \qquad (3-15)$$

则可得融合模型泛化误差小于纯知识驱动的机理模型的充分不必要条件:

$$|\varepsilon_{hr}| < 100\% \Leftrightarrow (1-\lambda)^2 < 1 \Rightarrow M_0 < M_1 \qquad (3-16)$$

由式(3-16)可以看出,融合模型的泛化误差小于纯知识驱动的机理模型的充分不必要条件是融合模型中数据模型的相对误差率 $|\varepsilon_{hr}| < 100\%$。即,若满足 $|\varepsilon_{hr}| < 100\%$,则融合模型的泛化误差必然小于纯知识驱动的机理模型。

3.3.3 联合驱动模型与数据模型误差对比分析

式(3-1)和式(3-2)中分析了融合模型与纯数据模型的关系,即纯数据模型是融合系数在融合系数 a 取 0 时的特殊情况。定义纯数据模型泛化误差 M_2,有:

$$M_2 = E_{X \sim D_0}\left[(y-h)^2\right] = E_{X \sim D_0}\left[(y-ag-h)^2\right]\Big|_{a=0} = M_0\Big|_{a=0} \qquad (3-17)$$

由式(3-17)可知,比较纯数据模型与融合模型的泛化误差即分析融合系数 a 对融合模型泛化误差的影响,比较融合模型在融合系数 a 取 0 时的泛化误差 $M_0\big|_{a=0}$ 与 a 取非 0 值时的泛化误差 $M_0\big|_{a \neq 0}$。经推导变换,M_0 可变换为 a 的函数如式(3-18)所示。

$$M_0 = A_2(a-A_1)^2 + A_1^2 - A_0 \qquad (3-18)$$

由式(3-18)可以看出,融合模型泛化误差 M_0 是关于 a 的二次函数,将 M_0 记为 $M_0(a)$,其开口向上(由于 $A_2 > 0$),在对称轴 $a = A_1$ 处取极小值。显然,对于泛化误差 $M_0(a)$,若满足条件 $A_1 > 0.5$,则必有 $M_0(0) > M_0(a)$。对 A_1 进行分析,有:

$$A_1 = \frac{E_{X \sim D_0}\left[(1-\lambda)^2 g^2 k^{-1}\right]}{E_{X \sim D_0}\left[(1-\lambda)^2 g^2\right]} = \frac{\int k^{-1}(1-\lambda)^2 g^2 D_0(x)\mathrm{d}x}{\int (1-\lambda)^2 g^2 D_0(x)\mathrm{d}x} \qquad (3-19)$$

引入类似于式(3-13)的概率密度变换,并定义概率密度函数 $D_{\lambda g}(x)$:

$$D_{\lambda g}(x) = \frac{(1-\lambda)^2 g^2 D_0(x)}{\int (1-\lambda)^2 g^2 D_0(x)\mathrm{d}x} \qquad (3-20)$$

将式(3-20)代入式(3-19),则 A_1 可改写为:

$$A_1 = \int k^{-1} D_{\lambda g}(x)\mathrm{d}x = E_{X \sim D_{\lambda g}}\left[k^{-1}\right] \qquad (3-21)$$

由式(3-9)可知,$k^{-1} \in (0.5, +\infty)$,即有:

$$A_1 = E_{X \sim D_{\lambda g}}[k^{-1}] \in (0.5, +\infty) \tag{3-22}$$

则融合模型泛化误差 $M_0(a)$ 的极小值点 $A_1 \in (0.5, +\infty)$,再考虑到式(3-18)给出的 $M_0(a)$ 表达式,可知在融合系数 a 的定义区间 $[0,1]$ 上始终有:

$$M_0(a) < M_0(0) \tag{3-23}$$

即融合模型泛化误差小于纯数据模型。

同时,由于极小值点 $A_1 \in (0.5, +\infty)$,则若融合系数 a 取 0.5 时,在不知道极值点 A_1 具体取值的情况下,总能保证融合模型相较于数据模型具有较大的提升。

进一步分析式(3-22)可知,$M_0(a)$ 的极小值点 A_1 是 k^{-1} 在概率密度函数 $D_{\lambda g}(x)$ 下的期望,其中 $D_{\lambda g}(x)$ 未知,式(3-9)中对 k^{-1} 的定义说明 k^{-1} 是实际结果 y 与知识驱动的机理模型输出 g 的比值,虽然对知识驱动的机理模型的假设给出了 k^{-1} 宽泛的取值区间 $(0.5, +\infty)$,但依据对一般知识驱动的机理模型的经验,知识驱动的机理模型在大多数情况下误差并不会过大,即 k^{-1} 应当主要分布在 1 附近。

基于上述分析,给出不同的融合系数 a 的取值建议:

(1) 直接依据对知识驱动的机理模型的经验认识将融合系数 a 始终设置为 1:在融合模型所选用的知识驱动的机理模型性能较好时(即 k^{-1} 主要分布在 1 附近),可以获得效果最佳的融合模型,而在其他情况下,即使不能保证融合模型性能达到最佳,也能保证融合模型优于纯数据模型。

(2) 利用训练集测试设置融合系数 a:在已知训练集上利用式(3-9)计算并统计 k^{-1} 的分布,若 k^{-1} 集中分布于某数 a_0 附近,则设置融合系数 $a = a_0$ 以期获取效果最佳的融合模型(若 $a_0 > 1$ 则取 1);若 k^{-1} 分布较为分散,则设置融合系数为 0.5 可以保证融合模型相较于纯数据模型具有较大的提升。

上述已经分别对融合模型与纯知识驱动的机理模型,以及纯数据模型的泛化误差进行了分析对比,下面对融合模型本身的泛化误差进行分析,以确定融合模型泛化误差上限并总结提高融合模型性能的可行性建议,为构建高性能的并行模式下数据与知识驱动融合模型提供理论支撑。

采用与式(3-7)中融合模型泛化误差定义相同的平方损失函数,为方便后续表述,此处定义融合模型平方损失函数 $L(x)$,且在不引起歧义的情况下省略 (x):

$$L(x) = (y(x) - ag(x) - h(x))^2$$

$$L=(y-ag-h)^2 \tag{3-24}$$

则基于满足 $D_1(x)$ 分布的训练集 S 的融合模型训练误差 $M_{\text{train}}=R_{\text{emp}}(H|D_1)$ 为：

$$M_{\text{train}}=R_{\text{emp}}(H|D_1)=\int LD_1(x)\mathrm{d}x \tag{3-25}$$

再对式（3-7）描述融合模型泛化误差进行变换：

$$M_0=\int(y-ag-h)^2D_0\mathrm{d}x=M_{\text{train}}+\int L(D_0-D_1)\mathrm{d}x \tag{3-26}$$

其中，第一项即为融合模型训练误差，该项在训练中通过优化算法可以达到一个较小的正值。虽然在训练过程中可以采用不同的优化算法，但在训练完成后训练误差 M_{train} 总为一个已知且较小的定值。

通过对式（3-26）进行推导变换与合理放缩，可构建出不依赖于实际分布（仅依赖于训练与已知的训练集分布）的融合模型泛化误差上限 $M_{0\text{max}}$，如式（3-27）所示。

$$M_{0\text{max}}=M_{\text{train}}+\frac{1}{m}V(\max(\varepsilon_{hr}^2(y-g)^2)-E[L]) \tag{3-27}$$

分析所得泛化误差上限可知：

（1）训练样本的采样应尽量平均：若采样过于集中，将导致 $\max(D_1)$ 增大，即增大融合模型泛化误差上限；相反，较为平均的采样可以降低 $\max(D_1)$，从而降低融合模型的泛化误差上限。

（2）应尽量将知识驱动的机理模型误差较大的样本纳入训练集：在训练集中的样本通过训练可以有效减少相对误差，通过将知识驱动的机理模型误差较大的样本纳入训练集，降低拥有较大知识驱动的机理模型误差（即 $(y-g)^2$ 较大）的样本的 ε_{hr}，从而降低 $\max(\varepsilon_{hr}^2(y-g)^2)$，有利于融合模型泛化误差上限的降低。

3.3.4 数据与知识联合驱动模型性能仿真分析

采用标准 10 机 39 节点系统作为测试系统，应用 Monte-Carlo 方法生成测试所用样本。基于上述方法共生成 1 500 组数据，以电力系统临界切除时间（Critical Clearing Time，CCT）预测为测试场景，用于理论验证。

基于生成的 1 500 组数据样本，构建不同融合系数下的融合模型，并在不同样本数训练集下对融合模型进行测试。同时，考虑到选用 ELM 构建了所测试融合模型中的数据模型，进一步测试了不同融合系数、不同训练集容量的融合模型在不同 ELM 隐层节点数下的性能,下面主要对比分析各测试场景下最优 ELM 隐层节点的融合模型。

在评价模型性能时,采用系统受扰后 CCT 的实际值与预测值的平均绝对误差(Mean Absolute Error,MAE)、均方根误差(Root-Mean Squared Error,RMSE)作为具体的评价指标。

依据设计的测试场景与算例设置方法对不同模型进行测试,下面结合实验测试结果分别就不同模型对系统受扰后 CCT 的预测效果、本章所提假设以及理论分析结果进行具体分析。

(1) 测试结果对比

表 3-1 对比展示了不同训练集容量下不同融合模型以及知识驱动的机理模型在测试集样本上预测 CCT 的 MAE 指标、RMSE 指标。其中,当融合模型融合系数取 0 时,融合模型退化为数据模型。分析测试结果可以发现,融合模型的性能随着训练样本容量(m)的增加而逐渐提升,但随着融合程度(融合系数 a)的增加呈现先提升后降低的趋势。在训练集样本数为 1 000,融合系数为 0.5 时,MAE 指标相较于数据模型提升了 41.11%,RMSE 指标相较于数据模型提升了 32.50%;相较于数据模型 MAE 指标提升了 63.32%,RMSE 指标提升了 61.15%。

测试结果表明,在训练样本充足时,融合模型性能优于知识驱动的机理模型,而在相同训练集容量下,融合模型优于纯数据模型($a=0$ 时的融合模型)。但当训练集容量较小时,融合方法的 MAE 指标优于知识驱动方法,RMSE 指标普遍低于知识驱动方法,说明在训练样本数量不足时,知识驱动方法具有更好的稳定性(见表 3-1)。

表 3-1　不同训练集下不同模型 MAE、RMSE 指标对比

融合系数 a	$m=250$	$m=500$	$m=750$	$m=1\ 000$
0.00	[0.063 2,0.246 9]	[0.054 6,0.087 1]	[0.050 4,0.079 1]	[0.048 4,0.072 0]
0.25	[0.045 8,0.177 8]	[0.040 1,0.069 3]	[0.036 5,0.060 4]	[0.036 0,0.054 6]
0.50	[0.034 5,0.151 7]	[0.030 5,0.067 6]	[0.028 9,0.054 3]	[0.028 5,0.048 6]
0.75	[0.035 3,0.187 4]	[0.033 6,0.082 8]	[0.032 1,0.064 4]	[0.031 5,0.057 8]
1.00	[0.047 9,0.260 6]	[0.047 5,0.108 1]	[0.045 1,0.085 1]	[0.044 4,0.076 9]
知识驱动机理模型	[0.077 7,0.125 1]			

注:表中[a,b],a 为 MAE 指标,b 为 RMSE 指标。

(2) 并行模式适用性条件验证

基于生成样本与上述模型评价方法对所提模型假设进行验证。图 3-2 展示了知识驱动的机理模型对全部样本进行测试的相对误差统计结果。

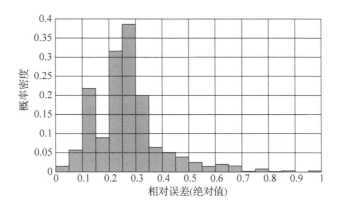

图 3-2　知识驱动的机理模型相对误差统计分布情况

表 3-2　λ 平均值

融合系数 a	$m=250$	$m=500$	$m=750$	$m=1\,000$
0.00	1.018 9	1.015 8	0.995 8	1.015 8
0.25	1.023 6	1.012 4	1.013 1	1.010 8
0.50	0.993 3	1.000 5	1.003 1	1.001 1
0.75	0.992 1	0.974 3	0.966 1	0.996 0
1.00	1.125 1	1.155 3	1.098 7	1.086 6

由图 3-2 可以发现,知识驱动的机理模型的相对误差绝对值主要集中于 0.25 附近,分布在[0,0.3]内,小于假设中所提出的[0,1]分布范围,满足知识驱动的机理模型假设。

由表 3-2 展示的不同融合系数不同训练集容量下 λ 的平均值可知,不同融合系数 a 下的 λ 平均值都接近于 1,a 对 λ 影响较小,数据假设成立。图 3-3 展示了全部训练样本的 λ 统计结果。可见,随着融合系数 a 逐渐接近于 1,λ 的定义 $h/(y-ag)$ 式中的分母逐渐接近于较小的知识驱动的机理模型误差,使数据模型输出 h 的波动过度放大,造成了 λ 分布范围随 a 逐渐增大。

（3）与知识驱动的机理模型方法对比

针对本章中提出的融合模型优于知识驱动的机理模型的充分不必要条件,测试并统计训练样本容量为 1 000 的条件下,不同融合系数下融合模型中的数据模型相对误差绝对值的分布情况,其统计频率分布如图 3-4 所示。

由图 3-4 可知,在 $a\in[0,0.5]$ 上不同融合模型中的数据模型相对误差绝对值主要分布在 20% 以下,$a\in(0.5,1]$ 上相对误差绝对值主要分布在 100% 以下,均满足式(3-16)所提的充分不必要条件,融合模型优于纯知识驱动的机理模型,与测试结果相符。

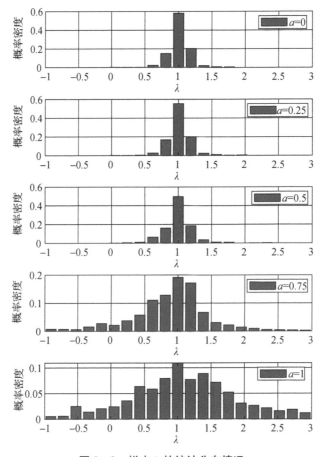

图 3-3 样本 λ 的统计分布情况

其中,在融合系数 a 接近 1 时,会有少量测试样本的数据模型相对误差绝对值超过 100%,而测试结果显示此时融合模型同样优于知识驱动的机理模型。造成该现象的主要原因是知识驱动的机理模型的精度较高使得当融合系数取 1 时数据模型的输出 h 的相对误差被过度放大。

(4) 融合系数设定分析

由式(3-18)与式(3-22)可知,融合模型的最佳性能(即最小泛化误差)由 k^{-1} 的分布决定。通过式(3-9)计算并统计 k^{-1} 的分布情况,如图 3-5 所示。

由图 3-5 可以发现,k^{-1} 集中分布于 0.725 附近,依据式(3-18)与式(3-22)可以推测融合模型在融合系数 0.725 附近达到最佳性能。为便于比较,图 3-6 展示了不同训练集、不同融合系数融合模型的 MAE 指标对比。

由图 3-6 可见,融合模型的泛化性能随融合系数的变化情况与式(3-18)的二次函数形式基本相符,且在 $a \in [0.5, 0.75]$ 时达到最小值,此时融合模型性能优于 a 在

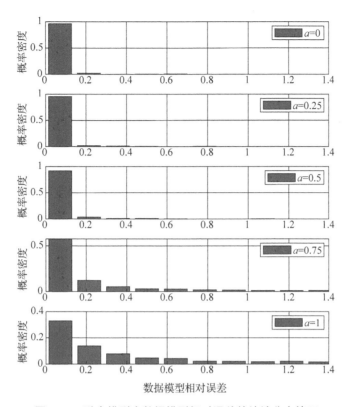

图 3 - 4 融合模型中数据模型相对误差的统计分布情况

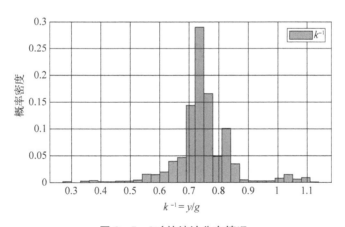

图 3 - 5 k^{-1} 的统计分布情况

区间外的性能。此外,a 取 0.5 时的模型性能优于更接近 0.725 的 0.75,这是由于 k^{-1} 的分布并不完全集中于 0.75,且式(3 - 22)中期望的概率密度分布非平均分布,即融合系数 a 在 0.725 附近时模型性能较好,虽然不能保证融合系数 a 在 0.725 时式(3 -22)取最小值,但依据文中分析取融合系数为 0.75 时,融合模型仍能取得较好

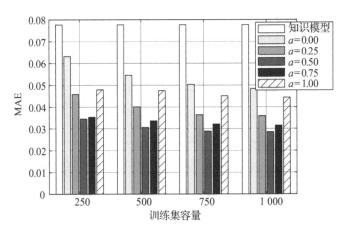

图 3 - 6　不同融合模型 MAE 指标对比

性能。

3.4　本章小结

　　本章对工程领域中数据与知识联合驱动方法的应用现状、研究进展进行了调研，对其中数据与知识联合方法的典型联合模式进行了归纳，梳理了不同数据与知识联合驱动方式的特点，并结合电网暂态稳定评估问题应用场景的特点进行讨论。目前，无论是知识驱动的机理模型方法还是数据驱动的经验模型方法，其中大多数都无法完全独立地适应电网暂态稳定评估问题的严苛要求。因此，需要联合数据与知识驱动方法，结合实际场景特点来设计合适的数据与知识驱动方法的联合模式，充分发挥二者的优势。

3.5　参考文献

［1］许光,俞欢军,陶少辉,等. 与机理杂交的支持向量机为发酵过程建模［J］. 化工学报,2005,56(4):659 - 664.

［2］熊瑞. 基于数据模型融合的电动车辆动力电池组状态估计研究［D］. 北京:北京理工大学,2014.

［3］Li Y,Chattopadhyay P,Xiong S,et al. Dynamic data-driven and model-based recursive analysis for estimation of battery state-of-charge［J］. Applied Energy, 2016,184:266 - 275.

［4］陈永红,薛禹胜.用 EEAC 和专家系统技术计及模型影响以在线刷新紧急控制决策表［J］.电网技术,1996,20(1):7－9.

［5］Jung D,Ng K Y,Frisk E,et al. Combining model-based diagnosis and data-driven anomaly classifiers for fault isolation［J］.Control Engineering Practice,2018,80:146－156.

［6］Jung D,Sundström C. A combined data-driven and model-based residual selection algorithm for fault detection and isolation［J］. IEEE Transactions on Control Systems Technology,2019,27(2):616－630.

［7］Jung D,Ng K Y,Frisk E,et al. A combined diagnosis system design using model-based and data-driven methods［C］//2016 3rd Conference on Control and Fault-Tolerant Systems (SysTol). IEEE,2016:177－182.

［8］Zhang H W,Li Q,Sun Z N, et al. Combining data-driven and model-driven methods for robust facial landmark detection［J］. IEEE Transactions on Information Forensics and Security,2018,13 (10):2409－2422.

［9］乔景慧,柴天佑.数据与模型驱动的水泥生料分解率软测量模型［J］.自动化学报,2019,45(8):1564－1578.

［10］汪森辉,李海峰,张永杰,等.基于热力学规则与数据驱动模型的烧结工艺参数优化综合集成方法［C］//第十届全国能源与热工学术年会,杭州,中国,2019.

［11］刘茜,吴爽,马欧.接触碰撞问题的物理与数据混合建模方法［C］//第十届全国多体动力学与控制暨第五届全国航天动力学与控制学术会议,青岛,中国,2017.

［12］Pillai P,Kaushik A,Bhavikatti S, et al. A hybrid approach for fusing physics and data for failure prediction［J］. International Journal of Prognostics and Health Management,2016,7(25):1－12.

［13］Liao L X, Felix K. A hybrid framework combining data-driven and model-based methods for system remaining useful life prediction［J］. Applied Soft Computing,2016,44:191－199.

［14］Chu F,Wang F L,Wang X G, et al. A hybrid artificial neural network—mechanistic model for centrifugal compressor［J］. Neural Computing and Applications,2014,24(6):1259－1268.

［15］Vaghefi S A,Jafari M A,Zhu J M, et al. A hybrid physics-based and data driven approach to optimal control of building cooling/heating systems［J］. IEEE

Transactions on Automation Science and Engineering,2016,13(2):600－610.

[16] Fischer K,Sanctis G,Kohler J，et al. Combining engineering and data-driven approaches：Calibration of a generic fire risk model with data[J]. Fire Safety Journal,2015,74:32－42.

[17] Gassel S,Neumann T，Wacker M. Combining biomechanical and data-driven body surface models[C]//Special Interest Group on Computer Graphics and Interactive Techniques Conference,Los Angeles,USA,2017.

[18] Reinhart R F,Shareef Z，Steil J J. Hybrid analytical and data-driven modeling for feed-forward robot control[J]. Sensors,2017,17(2):311.

[19] 张宇夕,马龙,刘日升,等. 数据与模型双驱动的高效压缩感知磁共振成像重构算法[J].计算机辅助设计与图形学学报,2020,32(6):903－910.

[20] 聂佩林,龚峻峰. 一种路网交通流参数的融合预测方法[J]. 交通运输系统工程与信息,2015,15(6):39－45.

[21] Kwiatkowska M，Atkins A S. Integrating Knowledge-Driven and Data-Driven Approaches for The Derivation of Clinical Prediction Rules[C]//Fourth International Conference on Machine Learning and Applications（ICMLA'05）. IEEE,2005.

[22] Azkunea G,Almeidaa A,Lopez-de-Ipina D，et al. Enhancing the completeness and accuracy of knowledge-based activity models through incremental data-driven learning[J]. Knowledge Based Systems,2014,42(6):3115－3128.

[23] Kinnebrew J S,Segedy J R，Biswas G. Integrating model-driven and data-driven techniques for analyzing learning behaviors in open-ended learning environments[J]. IEEE Transactions on Learning Technologies,2017,10(2):140－153.

[24] Melas I N,Mitsos A,Messinis D E，et al. Combined logical and data-driven models for linking signalling pathways to cellular response[J]. BMC Systems Biology,2011,5 (1):107.

[25] Khorasgani H,Gautam B. A combined model-based and data-driven approach for monitoring smart buildings[J]. Kalpa Publications in Computing,2018,4:21－36.

[26] Ribeiro M T,Sameer S,Guestrin C. "Why should I trust you?" Explaining the predictions of any classifier[C]//Proceedings of the 22nd ACM SIGKDD international conference on knowledge discovery and data mining,2016:1135－1144.

[27] 胡伟,郑乐,闵勇,等. 基于深度学习的电力系统故障后暂态稳定评估研究[J]. 电网技术,2017,41(10):3140 – 3146.

[28] 尚宇炜,马钊,彭晨阳,等. 内嵌专业知识和经验的机器学习方法探索(一):引导学习的提出与理论基础[J]. 中国电机工程学报,2017,37(19):5560 – 5571,5833.

[29] 尚宇炜,马钊,彭晨阳,等. 内嵌专业知识和经验的机器学习方法探索(二):引导学习的应用与实践[J]. 中国电机工程学报,2017,37(20):5852 – 5861.

[30] 张亦知,程诚,范钇彤,等. 基于物理知识约束的数据驱动式湍流模型修正及槽道湍流计算验证[J]. 航空学报,2020,03:119 – 128.

[31] Ströfer C M,Wu J L,Xiao H, et al. Data-driven,physics-based feature extraction from fluid flow fields[EB/OL]. arXiv preprint,2018,arXiv:1802. 00775.

[32] 邵玉倩,宗原,刘以安,等. 基于机理模型和模糊加权最小二乘支持向量机(LSS-VM)算法的农杆菌发酵过程混合建模与优化[J]. 食品与发酵工业,2019,45(7):65 – 73.

[33] 赵灵晓. 基于部件神经网络模型的制冷系统混合仿真方法及应用[D]. 上海:上海交通大学,2010.

[34] Zhao L X,Shao L L,Zhang C L. Steady-state hybrid modeling of economized screw water chillers using polynomial neural network compressor model[J]. International journal of refrigeration,2010,33(4):729 – 738.

[35] Long Y,She X Y,Mukhopadhyay S. HybridNet:integrating model-based and data-driven learning to predict evolution of dynamical systems[C]//Conference on Robot Learning,Zurich,Switzerland,2018.

[36] Dwivedi V, Srinivasan B. Physics Informed Extreme Learning Machine (PIELM):A rapid method for the numerical solution of partial differential equations[J]. Neurocomputing,2019,391:96 – 118.

[37] Swischuk R C. Physics-based machine learning and data-driven reduced-order modeling[D]. Cambridge:Massachusetts Institute of Technology,2019.

[38] Raissi M,Paris P, George E K. Physics informed deep learning (part i):Data-driven solutions of nonlinear partial differential equations[EB/OL]. arXiv preprint,2017,arXiv:1711. 10561.

[39] Qian K,Abduallah M, Christian C. Physics Informed Data Driven model for

Flood Prediction：Application of Deep Learning in prediction of urban flood development[EB/OL]. arXiv preprint,2019,arXiv:1908. 10312.

[40] 何基. 数据-模型耦合驱动的低剂量 CT 精准成像[D]. 广州:南方医科大学,2019.

[41] Lutter M,Christian R，Peters J. Deep lagrangian networks：Using physics as model prior for deep learning［EB/OL］. arXiv preprint，2019，arXiv:1907. 04490.

[42] Xu Z B, Sun J. Model-driven deep-learning[J]. National Science Review,2018,5(1):22 – 24.

[43] Rahman S,Rasheed A，San O. A hybrid analytics paradigm combining physics-based modeling and data-driven modeling to accelerate incompressible flow solvers[J]. Fluids,2018,3（3）:50.

第四章
数据与知识联合驱动在模型参数辨识中的应用

电力系统仿真是电网分析与控制研究应用的基础,其计算精度直接影响了电网控制措施的制定和实施[1-3]。基于电网暂态模型的仿真,既可以在离线状态下对扰动后的电网动态特性进行分析,以制定相关的控制策略[4];或通过在线动态安全仿真分析等手段,对电网的运行态势进行分析预测,从而快速生成控制指令进行辅助决策[5-6]。但如果用于电网仿真分析的模型准确性较差,则对受扰系统动态响应特性的分析预测结果可能存在误差甚至产生相反的结论[7-8],例如2015年9月19日华东电网锦苏直流双极闭锁事故分析中,由于发电机及负荷模型参数不准确,导致离线仿真的系统频率响应轨迹与实测频率响应轨迹差异较大,无法准确复现事故后电网的频率响应过程[9]。

近年来,随着电力电子技术的快速发展,大量的电力电子设备如风电机组、光伏电站、直流输电系统等在电网中得以广泛应用。这些设备在增强电网运行灵活性、经济性的同时,也使得电网的动态特性更加复杂,对暂态仿真模型的准确性提出了更高的要求[10-11]。通常情况下,模型的选取与研究的场景相关,而模型的参数需要与实际系统尽量保持一致,因此,在特定研究场景下,模型参数与实际系统的匹配成为关键问题。在现有的研究中,重点关注了对风电、光伏等新能源场站聚合模型及其参数等效的研究,而较少关注对直流输电系统控制环节关键参数的辨识。直流输电系统的控制依赖于离散的控制信号,控制结构复杂且内部控制信号量往往无法量测。这种强非线性、低可观性的特点使得对直流输电系统参数辨识的难度较大[12]。而且随着电网仿真分析逐渐在线化,对直流输电模型参数修正、辨识的准确性和时效性要求也越来越高,亟须开展相关研究。

直流输电系统的参数主要包括直流输电线路等一次设备的参数及直流输电控制设备的参数。(1) 对于直流输电线路等一次设备参数,由于其非线性程度较低,且直流电流与两端直流电压可量测,因此可采用直接解析计算的方法对其参数进行辨识。文献[13]通过现场测试的方法实现了对直流传输线路参数的测量,该方法以直流线路参数与测试量测量间的解析关系为基础,通过现场测试直接计算直流线路参数。文献

[14]提出了基于频率响应的直流输电线路参数估计方法,通过构建描述谐振频率与线路参数间关系的直流动态特性传递函数,进而依据线路两端电压信号的功率谱密度对应的谐振频率,直接计算线路参数。(2)对于直流输电控制设备参数,由于控制环节非线性程度高、时变性强,且内部状态量难以量测,目前还缺乏有效的辨识手段。文献[15]基于定电流控制器、定电压控制器和定熄弧角控制器的数学模型,分析了控制器参数与直流系统状态量间的关系,从而以模型仿真不断调整待辨识的直流控制器模型参数,该方法在应对详细直流控制系统模型时,将面临模型复杂性增加导致的计算效率和结果可信度降低。文献[16]提出一种综合考虑控制模块和系统的直流机电暂态模型参数辨识方法,该方法首先对直流机电暂态模型中不同的控制环节进行区分,其次通过设计不同的试验对各控制环节的参数进行辨识,最后考虑模型的整体精度校核调整各控制环节的参数。该方法需要直流输电系统中各控制环节的实际试验做支撑,且参数校核过程中直流输电系统的内部控制状态量往往难以量测,使得该方法在实际应用于直流输电系统时存在困难。

本章主要针对直流输电系统机电暂态模型控制参数的辨识问题进行研究,提出了一种基于深度强化学习(Deep Reinforcement Learning,DRL)的直流机电暂态模型控制参数反馈修正方法,该深度强化学习方法不需要预先提供训练样本的标签,而是通过与实际环境的数据交互,以及探索试错的方式进行学习训练。DRL 直流控制参数修正模型在训练过程完成后,具有较快的在线修正计算速度和较好的参数修正效果,可以满足直流输电系统机电暂态模型控制参数在线辨识的要求。

4.1 直流输电系统机电暂态仿真模型

直流输电系统主要由换流站、直流线路、电力滤波器、无功补偿装置、换流变压器、平波电抗器,以及保护、控制装置等构成,结构复杂,非线性程度高,主要系统结构如图 4-1 所示[17]。在本节中,主要对直流输电系统的机电暂态仿真模型进行介绍,从而为进一步实现直流输电系统控制参数的修正辨识提供实施基础。以电力系统综合稳定性分析软件 PSASP 为代表,它提供了多种直流输电系统机电暂态仿真模型,常见的如 1 型直流输电模型、5 型直流输电模型等。目前,5 型直流输电模型由于其包含最小触发角控制、换相失败预测控制等在内的详细控制环节,被广泛应用于实际电力系统机电暂态仿真分析领域[18]。因此,本章直流输电系统模型控制参数的辨识修正研究主要基于 5 型直流输电模型。

考虑到电网机电暂态分析中计算效率的问题,5 型直流输电模型在建模过程中,

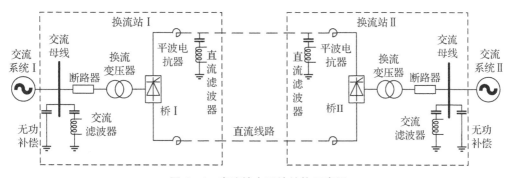

图 4 - 1　直流输电系统结构示意图

忽略了换流器中阀组的详细电磁暂态过程,而采用平均值模型对换流器的特性进行描述,其数学表达式如式(4-1)所示;另外,采用微分方程的形式,建立直流输电线路的数学模型,以描述直流输电模型动态过程中电压、电流的关系,如式(4-2)所示。

$$V_{\mathrm{d}} = V_{\mathrm{do}} \cos\alpha - \frac{3}{\pi} X_{\mathrm{c}} I_{\mathrm{d}} B$$

$$V_{\mathrm{do}} = \frac{3\sqrt{2}}{\pi} BT E_{\mathrm{ac}} \tag{4-1}$$

$$\frac{\mathrm{d}I_{\mathrm{d}}}{\mathrm{d}t} = \frac{1}{L_{\mathrm{si}} + L_{\mathrm{l}} + L_{\mathrm{sj}}} (V_{\mathrm{oi}} \cos\alpha - V_{\mathrm{oj}} \cos\beta - (R_{\mathrm{si}} + R_{\mathrm{l}} + R_{\mathrm{sj}}) I_{\mathrm{d}}) \tag{4-2}$$

式中,V_{d}、I_{d} 分别为直流电压、直流电流;E_{ac} 为换流变压器高压侧母线线电压有效值;T 为变压器一次侧与二次侧匝数比;B 为换流器串联桥数;L_{si}、L_{sj}、L_{l} 分别为整流侧平波电抗器电感、逆变侧平波电抗器电感和直流线路电感;R_{si}、R_{sj}、R_{l} 分别为整流侧换相电阻与接地电阻之和、逆变侧换相电阻与接地电阻之和,以及直流线路电阻;α、β 分别为整流侧触发角和逆变侧熄弧角。

　　5 型直流输电模型的控制系统,主要以 ABB 公司的直流保护控制技术为基础构建,其动态特性主要通过微分方程描述,并考虑电网机电暂态仿真的需求,在构建直流输电系统控制环节模型的过程中,进行了化简与等效。PSASP 仿真软件中 5 型直流输电模型控制系统的总体结构如图 4 - 2 所示。

　　5 型直流输电模型的控制系统共包含 9 个控制模块:主控制、低电压限电流控制(Voltage Dependent Current Order Limiter,VDCOL)、电流控制、换相失败预测、熄弧角控制、最小 α 控制(最小触发角控制)、电压控制、Gamma0 控制,以及 α 控制模块。

　　其中,主控制有两种控制模式:在定电流模式下,主控制直接输出参考电流作为电流指令 I_{o};在定功率模式下,主控制则基于设定参考功率 P_{ref} 与直流电压 U_{dc},计算电流指令 I_{o},并输出给低电压限电流环节。VDCOL 环节依据当前直流电压 U_{dc},对 I_{o}

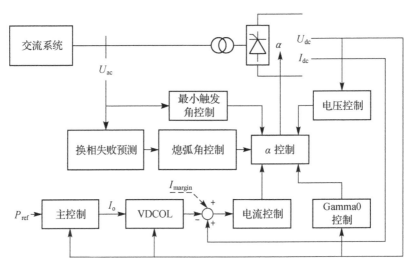

图 4 - 2　标准 5 型直流输电控制系统结构图

进行限幅,并将处理后的 I_o 与量测的直流电流 I_d 进行比较,保证逆变侧电流指令裕度 I_{margin};电流控制环节则依据 I_d 与电流指令 I_o 的差异,计算触发角 α,输入 α 控制环节中。

α 控制环节的主要作用是对电流控制模块和 Gamma0 控制模块生成的触发角 α 进行限制,并将处理后的触发角 α 输入换流器。在整流侧,α 控制环节以最小 α 控制与电压控制输出的最大值作为 α 角;在逆变侧,则以熄弧角控制、电压控制及电流控制的最小值作为 α 角。Gamma0 控制则通过判断直流电压是否低于阈值,来决定是否强制逆变侧触发角 α 控制环节以熄弧角控制计算的触发角 α 为输出,从而加速暂态过程中的电压恢复。

在本节中,选取 VDCOL、电流控制、换相失败预测及电压控制模块,对其控制环节功能原理及有待辨识的关键参数进行具体介绍。

VDCOL 的主要功能为当直流电压 U_{df} 跌落时,对直流电流指令 I_o 进行限幅,具体的映射关系如式(4-3)所示。当直流电压 U_{df} 高于 U_{dhigh} 时,VDCOL 将不执行操作,对电流指令无影响;当直流电压 U_{df} 低于 U_{dlow} 时,VDCOL 将以限制值 I_{omin} 作为电流指令值输出;当直流电压 U_{df} 在区间 $[U_{dlow}, U_{dhigh}]$ 时,VDCOL 通过线性关系计算相应的电流制定值。VDCOL 结构如图 4-3 所示,其待辨识的主要参数为电压上升滤波时间常数 T_{up} 和下降滤波时间常数 T_{dn}。

$$I_{olim} = \begin{cases} I_o, & U_{dhigh} < U_{df}, \\ \dfrac{U_{df} - U_{dlow}}{U_{dhigh} - U_{dlow}} I_o + I_{omin}, & U_{dlow} \leqslant U_{df} \leqslant U_{dhigh}, \\ I_{omin}, & U_{df} < U_{dlow} \end{cases} \quad (4-3)$$

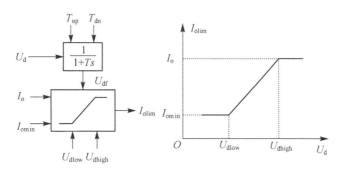

图 4 - 3　VDCOL 模块结构

电流控制模块的主要功能为通过调整触发角指令值 α_{ord} 的方式，来使直流电流 I_{d} 逐渐接近并达到电流控制指令值 I_{olim}，其控制结构如图 4 - 4 所示。在该控制模块中，待辨识的主要参数为电流增益时间常数 Gain，以及与 PI 控制相关的参数，即，K_{pI} 比例增益常数和 T_{iI} 积分时间常数。

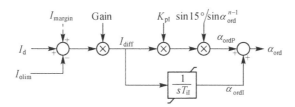

图 4 - 4　电流控制模块结构

换相失败预测模块的主要功能为，通过比较交流电压的变化情况分析交流输电系统故障的严重程度，当交流电压跌落且低于换相失败启动电压阈值 K_{cf} 时，改变触发角偏移角度，以增加逆变侧熄弧角，避免换相失败，其控制结构如图 4 - 5 所示。在该控制模块中，待辨识的主要参数为换相失败预测增益 G_{cf} 和换相失败预测输出角度下降时间常数 T_{dncf}。

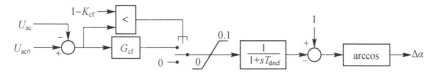

图 4 - 5　换相失败预测模块结构

电压控制模块的主要功能为通过调整触发角参考值 α_{vca}，对 α 控制中的触发角进行限制，从而调整直流电压 U_{d} 达到电压参考值的要求，其控制结构如图 4 - 6 所示，在控制方式上与电流控制模块类似，也采用了 PI 控制的方式。因此，在该控制模块中，待辨识的主要参数为 PI 控制中的比例增益常数 T_{pv} 和积分时间常数 T_{iV}。

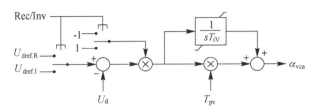

图 4 - 6　电压控制模块结构

4.2　基于深度强化学习的电网仿真模型参数在线修正框架

深度强化学习作为一种综合了深度学习与强化学习的人工智能方法,可以在与实际环境交互的过程中训练决策模型,继而在应用中能够基于实际状态,实现高维离散或连续动作空间中的自主决策,其主要实施框架如图 4 - 7 所示[19]。而电网仿真模型参数在线修正的主要任务是对电网的在线量测信息进行处理,修正或辨识电网仿真模型中的相关参数。因此,可以通过深度强化学习方法训练构建基于电网运行特征信息的 DRL 参数修正决策模型,实现电网仿真模型参数的在线修正。

图 4 - 7　深度强化学习方法实施框架

深度强化学习的实施框架主要包括环境(Environment)、智能体(Agent)、动作(Action)、状态(State)和奖励(Reward)五大元素,如图 4 - 7 所示[20]。通常,智能体根据环境给出的状态做出动作决策,并将相应的动作应用于环境中,环境因动作影响而发生状态变化,继而奖励机制根据状态变化评估动作的优劣,生成的奖励反馈给智能体,用于更新智能体的动作策略,从而智能体能够在与环境不断交互中优化决策模型。在电网仿真模型参数在线修正应用中,环境可视为实际电网或仿真工具,状态可视为实际电网的量测信息或仿真工具计算的状态变量结果,智能体可视为期望获得的 DRL 参数修正决策模型,动作可视为 DRL 参数修正决策模型给出的参数修正值,而奖励可视为电网仿真模型参数修正后仿真结果准确性提升的程度。因此,深度强化学习方法在实施方式和实施目标上,均与电网仿真模型参数在线修正应用要求相契合,二者具有较好的一致性。

将深度强化学习方法应用在电网仿真模型参数在线修正应用中时,其主要目标为通过离线仿真或历史数据对 DRL 参数修正决策模型(智能体)进行训练,并将训练好的 DRL 参数修正决策模型在线应用,实现电网仿真模型参数的快速修正、辨识。基于深度强化学习的电网仿真模型参数在线修正实施框架如图 4-8 所示。该架构主要包括电力系统仿真模块、数据存储模块、在线量测与分析模块、DRL 参数修正决策模型离线训练和在线应用模块。

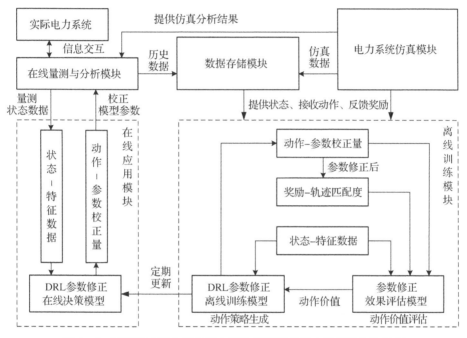

图 4-8　基于深度强化学习的电网仿真模型参数在线修正实施框架

在如图 4-8 所示的实施框架中,数据存储模块用于存储训练 DRL 参数修正决策模型所需的数据样本,包括由在线量测与分析模块记录的电网运行历史数据,以及电力系统仿真模块生成的仿真数据。在线量测与分析模块,既能够基于采集的电网信息更新电网模型,利用电力系统仿真模块对电网的运行状态进行分析,也能够记录电网的运行状态变化数据,并将其提供给记忆数据库,实现记忆数据库的迭代更新。电力系统仿真模块主要对电网暂态模型进行仿真,分析不同暂态模型参数下电网的响应情况,并将仿真获得的结果反馈给离线训练模块和在线量测与分析模块。另外,在数据存储模块中数据较少时,该模块可以通过离线仿真的方式对样本数据进行补充。

DRL 参数修正决策模型离线训练模块,通过与数据存储模块、电力系统仿真模块的交互,实现对 DRL 参数修正模型的离线训练。在离线训练过程中,DRL 参数修正离线训练模型所需的状态输入,以及参数修正效果评估模型所需的状态和奖励输入,来源于数据存储模块或电力系统仿真模块。为保证DRL参数修正离线训练模型的效果，需要对其动作的价值进行正确评估，考虑到以参数修正为目标的动作空间具有连续性，因此在本研究中考虑采用价值网络的方式构建参数修正效果评估模型。训练完成的DRL参数修正离线训练模型即成为DRL参数修正在线决策模型，该模型可依据电网的实际运行状态数据，给出电网仿真模型中相应参数的修正量。

在如图4-8所示的实施框架中，电力系统仿真模块与离线训练模块的交互，可以实现电网仿真模型参数的辨识，从而在离线训练过程中无需预先准备数据样本标签。另外，在线应用模块中DRL参数修正在线决策模型的计算速度与传统机器学习类算法的计算速度相近，能够满足在线应用的需求。为实现以上基于深度强化学习的电网仿真模型参数在线修正框架，需要进一步针对具体的应用场景，选择具体的深度强化学习算法，并对深度强化学习算法中状态空间、动作空间、奖励函数和结构参数进行设计。

4.3 基于DDPG的直流输电模型参数在线修正方法

基于如图4-8所示的实施框架，选用DDPG算法来训练参数修正效果评估模型（动作价值网络）和DRL参数修正离线训练模型（策略价值网络）。在本节中，首先对DDPG算法的原理进行了介绍，并进一步考虑直流输电模型参数修正的场景，对DDPG算法的状态和动作空间、奖励函数和模型结构进行了设计。

4.3.1 DDPG算法基本原理

深度确定性策略梯度（Deep Deterministic Policy Gradient，DDPG）算法将"演员—评论家（Actor-Critic）"方法与策略梯度（Policy Gradient）算法相结合，能够实现连续动作空间中的自主决策，因此可以适应直流输电模型参数修正过程中参数修正连续性的要求[21]。DDPG算法的智能体，主要由执行策略的Actor和对所执行策略进行评价的Critic两部分构成，并采用确定性策略梯度方法对Actor的策略网络进行参数更新，采用时序差分方法对Critic的价值网络进行参数更新，同时为了增强学习的稳定性，引入了目标网络来避免连续训练中Critic的发散问题，算法结构如图4-9所示。

在训练时，Actor根据当前状态 s_t 依据式（4-4）在考虑噪声的影响下选择动作 a_t。基于当前动作 a_t 与环境交互获得奖励 r_t 与下一状态 s_{t+1}，并将 (s_t, a_t, r_t, s_{t+1}) 存储进经验池中，用于训练Critic的价值网络与Actor的策略网络。

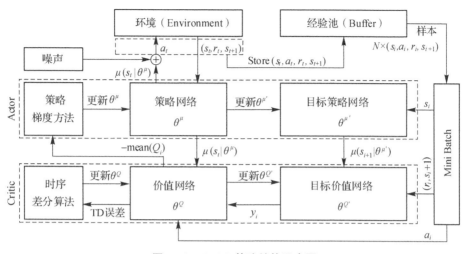

图 4 - 9　DDPG 算法结构示意图

$$a_t = \mu(s_t | \theta^\mu) + \text{Noise} \qquad (4-4)$$

利用行为策略控制智能体与环境交互,生成智能体的状态—动作—奖励轨迹,并以上述四元组(s_t, a_t, r_t, s_{t+1})的形式存入经验池。在训练中,从经验池中随机选取 N 个样本组成的 mini-batch(s_i, a_i, r_i, s_{i+1}),应用式(4-5)计算 Critic 的价值网络 $Q(s, a | \theta^Q)$的目标值 y_i 与损失 L,并基于最小化 L 更新价值网络参数。策略网络则采用式(4-6)计算采样的确定策略梯度(Deterministic Policy Gradient,DPG)更新参数,在具体实施中常使用式(4-7)计算 mini-batch 上动作价值的平均值 J 对策略网络进行更新以实现该值的最大化。

$$y_i = r_i + \gamma Q'(s_{i+1}, \mu'(s_{i+1} | \theta^{\mu'}) | \theta^{Q'})$$

$$L = \frac{1}{N} \sum_i^N (y_i - Q(s_i, a_i | \theta^Q))^2 \qquad (4-5)$$

式中,$\mu'(s | \theta^{\mu'})$,$Q'(s, \mu'(s | \theta^{\mu'}) | \theta^{Q'})$分别为 Actor 的目标策略网络与 Critic 的目标价值网络,具有与策略网络、价值网络相同的结构,其参数通过式(4-8)以 $\tau \ll 1$ 的参数更新率缓慢追踪已学习的网络实现更新,γ 为折扣率,取值范围为$[0, 1]$。

$$\nabla_{\theta^\mu} \mu \approx \frac{1}{N} \sum_{i=1}^N (\nabla_a Q(s_i, a | \theta^Q)\Big|_{a = \mu(s_i | \theta^\mu)} \nabla_{\theta^\mu} \mu(s_i | \theta^\mu)) \qquad (4-6)$$

$$J = -\frac{1}{N} \sum_{i=1}^N (-Q(s_i, a_i | \theta^Q)) \qquad (4-7)$$

$$\theta^{Q'} \leftarrow \tau \theta^Q + (1-\tau) \theta^{Q'}$$

$$\theta^{\mu'} \leftarrow \tau \theta^\mu + (1-\tau) \theta^{\mu'} \qquad (4-8)$$

　　DDPG算法构建的智能体,依据状态进行感知决策,通过输出的动作影响环境,并从环境反馈的奖励得知决策的优劣,从而学习如何与环境交互实现目标任务。在直流输电模型参数修正应用中,状态空间的设计将影响DRL参数修正模型对参数差异影响感知的敏感性,动作空间的设计将决定DRL参数修正模型如何修正直流模型参数,奖励函数的设计将影响DRL参数修正模型的学习效率和实施效果。因此,需要面向直流输电模型参数修正应用,合理设计DDPG算法的状态空间、动作空间、奖惩函数,以及相关结构参数,以构建DRL直流控制参数修正模型。

4.3.2　面向直流输电模型参数修正的DDPG算法设计

　　结合直流输电模型参数修正的应用,本节对DDPG算法训练及应用中具体的动态空间、状态空间,奖惩函数以及相关结构参数的设计进行了说明。

　　(1)动作空间设计

　　如前文所述,选取直流输电模型中VDCOL、电流控制、换相失败预测,以及电压控制模块的9个待修正参数组成DRL直流控制参数修正模型的输出动作空间。考虑到直流控制参数修正过程的连续性,在DDPG算法中采用人工神经网络的方式构建相应的策略模型。另外,在直流输电模型中不同参数的搜索范围通常存在差异。为保证模型中各参数搜索范围的一致性,对各参数进行归一化处理,如式(4-9)所示。

$$\tilde{\theta}^i = \frac{\theta^i - \theta^i_{min}}{\theta^i_{max}}$$

$$\theta^i = \theta^i_{max}\tilde{\theta}^i + \theta^i_{min} \qquad (4-9)$$

其中,$\boldsymbol{\theta} = \{\theta^i | i=1,2,\cdots,n\}$为由$n$个待修正参数组成的向量,$\tilde{\boldsymbol{\theta}} = \{\tilde{\theta}^i | i=1,2,\cdots,n\}$为归一化后待修正参数组成的向量,$\theta^i_{max}$,$\theta^i_{min}$分别为待修正参数向量中第$i$个待修正参数的上限和下限。

　　如前文所述,在DDPG算法动作空间设计中,将策略网络模型的动作输出定义为归一化后参数的修正量$\mathrm{d}\tilde{\boldsymbol{\theta}} = \{\mathrm{d}\tilde{\theta}^i | i=1,2,\cdots,n\}$,其动作实施过程,即参数修正过程如式(4-10)所示。

$$\tilde{\theta}_{k+1} = \tilde{\theta}_k + \mathrm{d}\tilde{\theta}_k \qquad (4-10)$$

其中,$\tilde{\theta}_k$,$\mathrm{d}\tilde{\theta}_k$分别为第$k$次归一化参数及策略网络模型输出的归一化参数修正量。

　　另外,由于DDPG算法对直流输电模型参数的修正是针对归一化后的参数,因此,可能导致修正后的模型参数在还原时超出该模型参数的合理区间。为避免经修正后的归一化参数在还原时越限,需对校正后的归一化参数依据式(4-11)再进行一次分段映射,使[0.05,0.95]内的归一化参数保持不变,[0.05,0.95]外的归一化参数变换回[0,1]内。

$$\tilde{\theta}^i = \begin{cases} 0.05(\tilde{\theta}^i+1)/1.05, & \tilde{\theta} < 0.05, \\ \tilde{\theta}^i, & 0.05 \leq \tilde{\theta} \leq 0.95, \\ 1-0.05(2-\tilde{\theta}^i)/1.05, & \tilde{\theta} > 0.95 \end{cases} \quad (4-11)$$

（2）状态空间设计

电网仿真或实时量测能够提供电网运行中电压、电流、功率等状态信息,可用于修正、辨识相关模型的参数,但是不同的状态信息在量纲上通常存在差异,将使 DDPG 算法对电网状态的分析造成困难。因此,需要对电网仿真或量测的状态信息进行归一化处理,如式(4-12)所示。假设电网仿真或量测的状态信息组成的向量为 $\boldsymbol{X}_{\mathrm{Obs}} = \{\tilde{x}_t^i | i=0,1,\cdots,l; t=0,1,\cdots,m\}$,其中,$l$ 为观测的状态信息的种类数量,t 为各状态信息的观测量数目,$\tilde{x}_t^i$ 为观测的第 i 个状态信息在 t 时刻的归一化值。

$$\tilde{x}_t^i = \frac{x_t^i}{x_N^i} \quad (4-12)$$

其中,$\tilde{x}_t^i$ 与 $\tilde{x}_N^i$ 分别为观测的第 i 个状态信息在 t 时刻的实际值与额定值。

另外,电网仿真与电网实际状态信息的差异可以体现电网仿真模型参数与实际参数的差异,在进行分析时,同样需要对该差异进行归一化处理,如式(4-13)所示。与状态信息组成的向量类似,$\mathrm{d}\boldsymbol{X}_{\mathrm{Obs}} = \{\mathrm{d}\tilde{x}_t^i | i=0,1,\cdots,l; t=0,1,\cdots,m\}$ 可视为 l 种状态信息差异组成的向量。

$$\mathrm{d}\tilde{x}_t^i = \frac{x_t^i - x_{0,t}^i}{x_N^i} \quad (4-13)$$

其中,x_t^i 为观测的第 i 个状态信息在 t 时刻的实际量测值,$\mathrm{d}\tilde{x}_t^i$ 为归一化后的第 i 个状态信息的仿真值与实际量测值的差异。

考虑到直流输电模型参数修正应用中 DDPG 算法的动作空间为直流模型相关参数的修正量,因此,当前模型参数也应当作为状态空间的一部分,以辅助策略网络进行决策。综上所述,在直流输电模型参数修正应用中,DDPG 算法的状态空间应当包括三部分,即电网仿真及量测的状态信息 $\boldsymbol{X}_{\mathrm{Obs}}$、仿真与量测状态信息的差异 $\mathrm{d}\boldsymbol{X}_{\mathrm{Obs}}$、仿真模型的当前参数值 $\tilde{\theta}$。其中状态信息由故障后 25 周波时段内的直流电流、整流侧与逆变侧直流电压量测值组成。

（3）奖励函数设计

直流输电模型参数修正的目的在于寻找最优的模型参数,使得电流系统仿真结果与实际量测结果尽可能接近。因此,直流输电模型参数修正的效果,可以通过比较电力系统仿真值与实际量测值的差异来评价,作为观测奖励 R_{Obs}。具体而言,观测奖励 R_{Obs} 可以通过式(4-14)计算,为扰动后 T_c 时长下 l 个观测状态变量的误差平均值。其中,观测奖励参考的状态变量包括直流电流、整流侧与逆变侧直流电压三类。

$$R_{Obs} = \frac{1}{lT_c} \sum_{i=1}^{l} \sum_{t=1}^{T_c} \frac{|x_t^i - x_{0,t}^i|}{x_N^i} \tag{4-14}$$

另外,在直流模型参数修正过程中可能会发生参数越限,需要设定参数奖励 R_θ,对越限的参数进行惩罚,其计算公式如式(4-15)所示。与式(4-11)所示的参数分段映射形式类似,当规格化参数在 $[0.05, 0.95]$ 内时 R_θ 为 0,当参数越界时,依据其越界的大小增加线性化的惩罚。

$$R_\theta^i = \begin{cases} 1 - (\tilde{\theta}^i + 1)/1.05, & \tilde{\theta} < 0.05, \\ 0, & 0.05 \leqslant \tilde{\theta} \leqslant 0.95, \\ 1 - (2 - \tilde{\theta}^i)/1.05, & \tilde{\theta} > 0.95 \end{cases} \tag{4-15}$$

最后,为防止策略网络频繁对直流模型参数进行修正,需要对策略网络输出的参数修正值设置动作奖励 R_a,其计算方法如式(4-16)所示,表示模型参数修正绝对值的平均值。

$$R_a = \frac{1}{l} \sum_{i=1}^{l} |\mathrm{d}\tilde{\theta}^i| \tag{4-16}$$

综上所述,整体的奖励函数应当包含以上三个部分,并且考虑到以上三个奖励函数中奖励值与实际参数负相关的关系,因此,在整体奖励函数中,对三部分奖励函数求和后取负,如式(4-17)所示。

$$R = -(\alpha_{Obs} R_{Obs} + \alpha_\theta R_\theta + \alpha_a R_a) \tag{4-17}$$

式中,R_{Obs},R_θ,R_a 分别为观测奖励、参数奖励及动作奖励,均为正值;α_{Obs},α_θ,α_a 分别为观测奖励、参数奖励以及动作奖励对应的权重。在直流输电模型参数修正应用中,奖励权重 α_{Obs},α_θ 和 α_a 分别设置为 1,1 和 0.01。

(4)结构参数设置

在面向直流输电模型参数修正的 DDPG 算法训练过程中,Critic 的价值网络其输入包括电网当前状态信息以及相应的参数修正动作量,输出为参数修正效果的评估值,具体网络结构如图 4-10(a)所示,其中,网络模型神经元均采用 ReLU 激活函数,并在每层后对输出正则化。Actor 的策略网络其输入为电网当前状态信息,输出为相应的参数修正量,其网络结构如图 4-10(b)所示,其中全连接层神经元采用 ReLU 激活函数,输出层神经元个数为 9,对应于直流输电模型中待修正参数个数,采用 tanh 激活函数。

在训练相关的超参数设置中,设置每回合步骤数为 10,在每步的输出动作中引入标准差为 1% 的高斯白噪声,Critic 的价值网络和 Actor 的策略网络的学习率分别设置为 0.002、0.001,目标网络的参数更新率设置为 0.005。

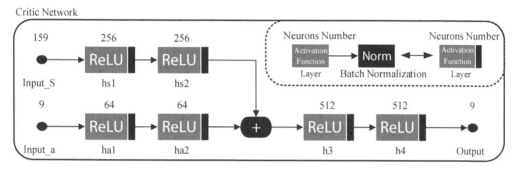

（a）Critic 的神经网络结构

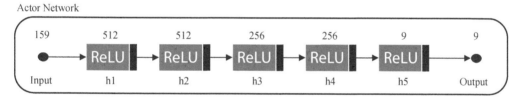

（b）Actor 的神经网络结构

图 4-10　Critic 和 Actor 神经网络结构示意图

4.4　直流输电模型参数修正效果分析

以 EPRI 36 节点系统为测试系统,对所提的基于深度强化学习的直流输电模型参数修正方法进行测试,表 4-1 中分别给出了直流仿真模型中待辨识的控制参数及其数值分布情况。同时,为模拟直流输电系统的不同受扰场景,在 EPRI 36 节点测试系统中直流逆变侧 13 号交流节点处设置三相短路故障,假设故障在 0.1 s 时发生,故障持续时间服从 0.09～0.15 s 的平均分布,且故障接地阻抗服从 0～0.05 p.u. 的平均分布。基于直流仿真模型待辨识参数和三相短路故障的抽样信息,在 PSASP 软件中仿真生成 400 组深度强化学习的训练样本,其中 300 组用作基础参数辨识模型训练,100 组用作测试在线应用的效果。

表 4-1 直流仿真模型中待辨识的控制参数

控制模块名称	控制模块结构	参数符号	参数名称
VDCOL	T_{up}, T_{dn}, I_o, I_{omin}; $U_d \to \frac{1}{1+Ts} \to U_{df} \to I_{olim}$; U_{dlow}, U_{dhigh}	T_{up}	电压上升滤波时间常数
		T_{dn}	电压下降滤波时间常数
电流控制	I_{margin}, Gain, K_{pI}, $\sin 15°/\sin \alpha_{ord}^{n-1}$; I_d, $I_{olim} \to I_{diff} \to \alpha_{ordP} \to \alpha_{ord}$; $\frac{1}{sT_{iI}} \to \alpha_{ordI}$	Gain	电流控制总增益
		K_{pI}	电流控制的比例增益
		T_{iI}	电流控制积分时间常数
换相失败预测	U_{ac}, U_{ac0}; $1-K_{cf}$, $<$, G_{cf}, 0; $\Delta\alpha \leftarrow$ arccos $\leftarrow \frac{1}{1+sT_{dncf}}$, 1, 0.1, 0	G_{cf}	换相失败预测增益
		T_{dncf}	输出角度下降时间常数
电压控制	Rec/Inv, -1, 1; $U_{dref.R}$, $U_{dref.I}$, U_d, T_{pv}; $\frac{1}{sT_{iV}} \to \alpha_{vca}$	T_{pv}	电压控制比例增益
		T_{iV}	电压控制积分时间常数

表 4-2 直流仿真模型中待辨识参数数值分布情况

控制模块名称	参数符号	典型值	平均分布区间	搜索区间
VDCOL	T_{up}	0.03	[0.01,0.05]	[0.001,0.08]
	T_{dn}	0.015	[0.01,0.02]	[0.001,0.05]
电流控制	Gain	30	[25,40]	[10,50]
	K_{pI}	3.44	[2,4]	[1,6]
	T_{iI}	0.009	[0.006,0.015]	[0.001,0.02]
换相失败预测	G_{cf}	0.15	[0.1,0.25]	[0.01,0.5]
	T_{dncf}	0.02	[0.01,0.03]	[0.001,0.05]
电压控制	T_{pv}	26	[20,40]	[10,50]
	T_{iV}	0.000 5	[0.000 2,0.001 5]	[0.000 01,0.002]

为评价参数修正后直流响应曲线的拟合效果,根据直流电压、直流电流的仿真和量测信息的差异,采用平均绝对误差(Mean Absolute Error,MAE)、平均绝对误差百

分数(Mean Absolute Percent Error,MAPE)、平均均方根误差(Root Mean Squared Error,RMSE)和拟合优度(R Square,R^2)四种指标进行评估,其计算公式如式(4-18)所示。

$$\text{MAE}=\frac{1}{N \cdot L} \sum_{i=1}^{N} \sum_{t=1}^{L}\left|\frac{x_t^i-x_{0,t}^i}{x_B^i}\right| \quad \text{MAPE}=\frac{1}{N \cdot L} \sum_{i=1}^{N} \sum_{t=1}^{L}\left|\frac{x_t^i-x_{0,t}^i}{x_{0,t}^i}\right|$$

$$\text{RMSE}=\sqrt{\frac{1}{N \cdot L} \sum_{i=1}^{N} \sum_{t=1}^{L}\left(\frac{x_t^i-x_{0,t}^i}{x_B^i}\right)^2} \quad R^2=\frac{1}{N} \sum_{i=1}^{N}\left(1-\frac{\sum\limits_{t=1}^{L}\left(x_t^i-x_{0,t}^i\right)^2}{\sum\limits_{t=1}^{L}\left(\overline{x_{0,t}^i}-x_{0,t}^i\right)^2}\right)$$

$$(4-18)$$

式中,N 与 L 分别表示选取用于参数修正效果评估的直流状态变量数目和各状态变量的长度。$x_t^i,x_{0,t}^i$ 分别表示第 i 个直流状态变量在 t 时刻参数经修正后的仿真结果和实际结果,$\overline{x_{0,t}^i}$ 表示第 i 个直流状态变量实际结果的平均值,x_B^i 表示第 i 个直流状态变量的标幺基准值。

在本节中,将所提基于深度强化学习的直流输电模型参数修正方法(以下也称Proposed Method online,PMonline),与传统的典型参数(Typical Parameter,TP)方法、基于遗传算法(Genetic Algorithm,GA)的参数辨识方法、基于粒子群优化(Particle Swarm Optimization,PSO)算法的参数辨识方法和基于差分进化(Differential Evolution,DE)算法的参数辨识方法进行对比。

在训练过程中,直流仿真模型参数的初始值以规格化参数 0.95 统一设置,训练总轮数设置为 4 000。图 4-11 中给出了 5 轮奖励平均值以及样本训练效果评估指标平均值随训练轮数变化的情况。从图中可以看出,训练效果评估指标下降速度很快,在训练轮数达到 1 000 时,训练效果评估指标平均值已下降约 90%,即参数修正后直流仿真模型的响应曲线与实际曲线相比误差率在 10% 左右。另外,在训练开始后 300 轮内,5 轮平均奖励指标从 -0.5 左右迅速上升至 -0.125,并最终在训练完成时稳定在 -0.084。因此,从这两个指标在训练过程中变化的趋势可以看出,DRL 直流控制参数修正模型的训练过程具有较快的收敛速度。

进一步在 100 组测试样本中,对训练好的 DRL 直流控制参数修正模型的应用效果进行分析。首先,对 100 组测试样本的参数修正效果进行整体分析,DRL 直流控制参数修正模型的各项准确性指标结果如图 4-12 所示,相比于 TP 方法具有明显优势。具体来说,所提 PMonline 方法的 MAE、MAPE、RMSE 指标分别为 0.003 2、32.60%、0.004 6,比 TP 方法的准确性分别提高了 73.55%、76.53%、70.89%。并且 R^2 指标的分布主要在区间 [0.999 4,1.0] 中,说明直流暂态响应曲线与实际曲线具有

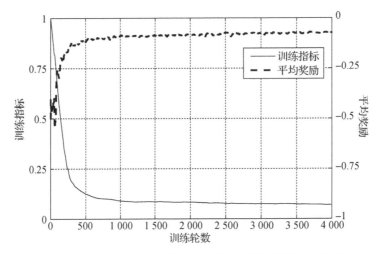

图 4-11 训练效果评估指标与平均奖励训练轮数变化情况

较好的拟合程度。因此,经过离线训练后的 DRL 直流控制参数修正模型,具有较好的辨识精度。

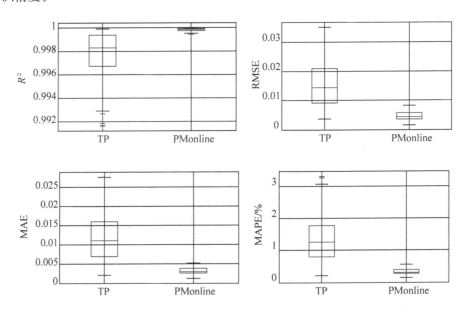

图 4-12 测试集场景下 PMonline 与 TP 方法参数修正效果指标对比示意图

在 100 组测试样本中随机选取一组进行具体分析,DRL 直流控制参数修正模型的计算结果与直流输电模型实际参数仿真结果对比,如表 4-3 所示。从表中可以看出,所提 PMonline 方法对 T_{up}、T_{dn}、T_{il}、G_{cf}、T_{dncf} 参数辨识的误差均在 15% 以内,而部分参数如 Gain、K_{pI} 的误差率超过了 15%,T_{pv} 与 T_{iV} 的误差率甚至超过了 25%,其主要原因在于,T_{pv} 与 T_{iV} 所属的电压控制环节在该场景下并未发挥主导作用,导致其对直流输电模型仿真结果的影响较小而难以准确修正。对该场景下各参数的灵敏度进行分析,结果如表 4-4 所示,表明修正结果的准确性与各参数的灵敏度存在相关性,即参数的灵敏度越低,则参数辨识结果的准确性往往越差。

表 4-3　DRL 参数修正模型参数修正结果与实际参数值对比

参数	实际值	辨识值	相对误差
T_{up}	0.049 3	0.054 7	10.95%
T_{dn}	0.019 8	0.021 3	7.58%
Gain	39.755 4	45.814 9	15.24%
K_{pI}	3.967 4	3.269 9	17.58%
T_{iI}	0.014 9	0.016 2	8.44%
G_{cf}	0.247 6	0.259 5	4.81%
T_{dncf}	0.029 7	0.030 3	2.02%
T_{pv}	39.673 9	26.962 7	32.04%
T_{iV}	0.001 5	0.001 1	26.67%

表 4-4　直流暂态模型校正参数灵敏度

参数名称	T_{up}	T_{dn}	Gain	K_{pI}	T_{iI}
灵敏度指标	5.19×10^{-5}	2.64×10^{-3}	2.32×10^{-6}	5.23×10^{-6}	2.45
参数名称	G_{cf}	T_{dncf}	T_{pv}	T_{iV}	
灵敏度指标	5.19×10^{-4}	5.19×10^{-4}	1.53×10^{-8}	2.37×10^{-7}	

图 4-13 展示了该测试样本下,直流输电模型控制参数经所提方法与典型参数方法修正后,直流系统暂态过程中整流侧直流电压、逆变侧直流电压,以及熄弧角响应曲线的对比,可以看出,经所提方法修正后的直流模型的仿真结果与实际结果能够较好地匹配,即所提方法能够通过对直流机电暂态仿真模型控制参数的修正,提高直流暂态仿真特性与实际特性的匹配程度。

进一步在随机选取的测试样本中,将在线应用的 DRL 直流控制参数修正模型与基于传统智能优化算法(GA、PSD、DE)的参数辨识方法进行比较,比较结果如表 4-5 所示。其中,各类智能优化算法种群数设置为 50,迭代次数 100,以故障后 25 周波直流电压、电流响应的平均均方根误差作为评价指标,参数搜索区间与表 4-2 中相同。表 4-6 给出了不同参数修正及辨识方法所需的计算时间。

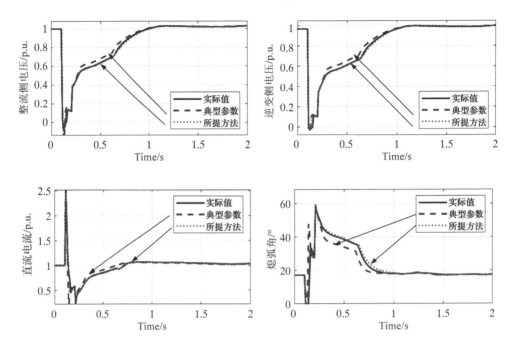

图 4‑13 所提方法与典型参数方法修正后直流暂态响应过程对比示意图

表 4‑5 所提方法与智能优化算法效果对比

方法	GA	PSO	DE	PMonline
R^2	0.999 8	1.000 0	0.999 9	0.999 8
RMSE	0.004 9	0.001 5	0.003 7	0.004 5
MAE	0.002 9	8.54×10^{-4}	0.002 2	0.003 1
MAPE	0.345 2%	0.090 1%	0.258 1%	0.319 9%

表 4‑6 不同参数修正及辨识方法计算时间对比

	GA	PSO	DE	PMonline
20 组测试场景	548 min	552 min	532 min	14 s
单组场景	27.4 min	26.9 min	27.6 min	0.7 s

由表 4‑5 可知,在直流输电模型参数修正应用中,所提方法能达到与传统智能优化算法相近的参数修正精度,其中基于粒子群的参数修正辨识算法具有最优的辨识精度。另外,由表 4‑6 可知,所提方法具有传统智能优化算法无法比拟的参数修正计算速度,三种智能优化算法的单次辨识时间均超过了 25 min,而所提方法由于其仅需要对神经网络进行前馈数值计算,因此单次辨识时间短,仅需 0.7 s 左右,可满足直流输电模型参数在线修正、辨识的时效性要求。

4.5 本章小结

本章提出了一种基于深度强化学习的电力系统模型参数在线辨识框架,并将其应用于直流机电暂态仿真模型控制参数的在线修正中。考虑直流输电模型控制参数在线修正问题的特点,对选取的 DDPG 算法的状态空间、动作空间、奖惩函数和模型结构进行了设计,构建了基于深度强化学习的直流控制参数在线修正模型。算例结果表明,本章所提参数在线修正方法,相比传统基于智能算法的参数辨识方法,能够在有限的计算时间内达到更优的计算精度。

4.6 参考文献

[1] 鞠平.电力系统建模理论与方法[M].北京:科学出版社,2010.

[2] Huang Q H, Vittal V. Application of electromagnetic transient-transient stability hybrid simulation to FIDVR study[J]. IEEE Transactions on Power Systems, 2016,31(4):2634 - 2646.

[3] 王聪,张宏立,马萍.基于改进状态转移算法的不确定混沌电力系统参数辨识[J].电网技术,2020,44(8):3057 - 3064.

[4] 薛禹胜.时空协调的大停电防御框架(二)广域信息、在线量化分析和自适应优化控制[J].电力系统自动化,2006,30(2):1 - 10.

[5] Zhou M, Yan J, Feng D. Digital twin framework and its application to power grid online analysis[J]. Journal of Power and Energy Systems,2019,5(3):391 - 398.

[6] 周二专,冯东豪,严剑峰,等.秒级响应电网在线分析软件平台[J].电网技术,2020,44(9):3474 - 3480.

[7] Sinisuka N I, Banjar-Nahor K M, Bésanger Y, et al. Modeling, Simulation, and Prevention of July 23, 2018, Indonesia's Southeast Sumatra Power System Blackout[C]// 2019 North American Power Symposium (NAPS). IEEE,2019:1 - 6.

[8] 庄侃沁,武寒,黄志龙,等.龙政直流双极闭锁事故华东电网频率特性分析[J].电力系统自动化,2006,30(22):101 - 104.

[9] 李兆伟,吴雪莲,庄侃沁,等."9·19"锦苏直流双极闭锁事故华东电网频率特性分析及思考[J].电力系统自动化,2017,41(7):149 - 155.

[10] 吴克河,王继业,李为,等.面向能源互联网的新一代电力系统运行模式研究[J].

中国电机工程学报,2019,39(4):966 - 979.

[11] Li M, Chen Y. A Wide-Area dynamic damping controller based on robust H∞ control for wide: Area power systems with random delay and packet dropout [J]. IEEE Transactions on Power Systems,2018,33(4):4026 - 4037.

[12] 王云.电力系统动态参数辨识及暂态稳定紧急控制算法研究[D].杭州:浙江大学,2014.

[13] IEEE Guide for the Measurement of DC Transmission Line and Earth Electrode Line Parameters[J]. IEEE Std 1893 - 2015,2016:1 - 37.

[14] Sabatier J, Youssef T, Pellet M. HVDC line parameters estimation based on line transfer functions frequency analysis[C]//2015 12th International Conference on Informatics in Control. IEEE,2015:497 - 502.

[15] Jing Y, Ren Z, Ou K, et al. Parameter estimation of regulators in Tian-Guang HVDC transmission system based on PSCAD/EMTDC[C]//International Conference on Power System Technology. Kunming, China. IEEE,2002:538 - 541.

[16] 万磊,汤涌,吴文传,等.特高压直流控制系统机电暂态等效建模与参数实测方法[J].电网技术,2017,41(3):708 - 714.

[17] 李兴源.高压直流输电系统[M].北京:科学出版社,2010.

[18] 中国电力科学研究院.电力系统分析综合程序 7.3 版动态元件库用户手册[Z].北京:中国电力科学研究院,2018.

[19] 刘全,翟建伟,章宗长,等.深度强化学习综述[J].计算机学报,2017,41(1):1 - 27.

[20] 赵晋泉,夏雪,徐春雷,等.新一代人工智能技术在电力系统调度运行中的应用评述[J].电力系统自动化,2020,44(24):1 - 10.

[21] 王甜婧,汤涌,郭强,等.基于知识经验和深度强化学习的大电网潮流计算收敛自动调整方法[J].中国电机工程学报,2020,40(8):2396 - 2406.

第五章

数据与知识联合驱动在状态估计中的应用

随着清洁低碳能源系统的建设,大量柔性负载和可再生能源发电设备接入电网,使得系统运行的随机性和波动性加剧[1-3],系统状态变化更加频繁。因此,为保证电网稳定运行,实时可靠的状态估计尤为重要。

状态估计(State Estimation,SE)是电力系统能量管理系统(Energy Management System,EMS)的重要组成部分,它作为利用实时量测数据实现电力系统状态感知的重要环节,为电压控制、经济调度、安全分析等功能奠定数据基础。目前电力系统状态估计主要基于 Schweppe 等人在 1969 年提出的加权最小二乘(Weighted Least Square,WLS)算法[4]等静态状态估计方法。为提高状态估计效率,涌现了一批改进的状态估计方法[5-7]。文献[5]提出了一种快速解耦状态估计器(FDSE)算法,该算法通过有功无功分解运算和雅可比矩阵常数化,提高了运算速度,同时降低了计算机存储容量。为进一步提高计算效率,满足实际需求,文献[6]提出了一种分布式状态估计方法,将系统网划分为多个区域分别进行状态估计,最后进行综合协调,但它难以充分考虑边界上的测量值,牺牲了计算精度。文献[7]提出了一种基于图计算的高性能并行状态估计方法,在不牺牲计算精度的情况下提高了计算效率。但这些方法在求解状态估计这一非凸优化问题时,不可避免地存在解非全局最优和不收敛的问题,且其计算成本较高。

因此,针对现阶段和未来电网对数据快速和高精度处理以及大规模的要求,状态估计中出现了一些数据驱动的估计算法,它们将迭代过程转化为前向计算,大大提高运算速度。文献[8-16]通过机器学习方法对数据进行预处理以减少状态估计的迭代次数。其中,文献[8]利用浅层神经网络挖掘量测量与状态变量的关系,为高斯-牛顿法状态估计提供较为合理的初值,提高了模型的鲁棒性。文献[9]将深度神经网络与传统优化方法相结合,以提高状态估计的效率。在文献[10]中,针对实时应用提出了一种贝叶斯状态估计的深度学习方法,仿真结果展现了对错误数据的鲁棒性。文献[11]考虑了电力系统的周期型模式,加速了数据驱动进程。为了进一步探索数据之间相关性的价值,基于深度卷积神经网络(Convolutional Neural Networks,CNN)的数据驱动方法被应用于状态估计,并已被证明具有高精度[12]。在文献[13-14]中,建立了基于递归神经网络的电力系统状态预测模型,解决了潮流计算中数据缺失的问题。同时,许多无模型的数据驱动方法也被用于状态估计。文献[15-16]使用生成对抗网络来克服历史相似测量的有限测量障碍。

电力系统具有自然的图数据结构。相较于以上机器学习模型,基于图的神经网络算法对拓扑间的连接关系更具针对性的设计,对电网的运行状态有更强的表现力,因此可在样本数较小时取得更高的精度[17]。近些年,图卷积网络因其较好的性能和可解释性,在分析多个领域的拓扑结构方面已被证明了其优越性,例如社交网络的谣言检测[18]、医疗影像[19]、交通流量的时空预测[20]。

数据驱动的方法不可避免地依赖于数据之间的统计关系。尽管图卷积网络(Graph Convolutional Network,GCN)可以在电力系统中更有效地利用特征,但其仍然需要高质量的训练样本。为了解决这个问题,本章提出了一种联合知识驱动和数据驱动模型的状态估计方法,可以在保持准确性的同时提高效率。基于直流潮流的知识驱动算法,可以保留状态估计的基本物理因果关系。利用直流潮流计算,将状态估计的非线性问题线性化,得到相角的近似值,这是传统数据驱动方法无法直接获得的,状态估计也因此被简化为滤波问题。为进一步提高模型精度,引入基于图卷积网络的数据驱动方法进行状态估计。该方法在加快计算过程的同时,充分考虑电网天然的拓扑结构,从而可以得到更为准确的状态估计结果。为了更好地匹配电力系统数据的内在规律,数据模型的输入也相应地进行了设计。该联合方法不仅可以增强知识驱动方法在因果关系处理中的优势,还可以增强数据驱动方法在高效相关分析中的优势。仿真结果表明,与基于最小二乘法和基于深度学习的状态估计方法相比,该联合方法可以有效提高状态估计的准确性和鲁棒性,且数据冗余低。

本章的主要贡献总结如下:

(1)提出了一种知识驱动和数据驱动模型相结合的状态估计方法,在不牺牲精度的情况下提高效率。采用直流潮流算法提取了高熵特征,为数据驱动方法提供了部分数据基础;采用基于图卷积网络的数据驱动方法进行状态估计,加快了计算进程。

(2)设计了一种基于图卷积网络的新型数据驱动方法,可以充分考虑电力网络拓扑结构中的信息,并进一步集成到快速状态估计中。

(3)在图卷积网络 GCN 的基础上,将支路参数与相角差设计为动态边特征,确定相角特征的权重矩阵,提高状态估计的准确性。

本章的具体内容安排如下:第 5.1 节概述电力系统状态估计的联合方法;在第 5.2 节中,提出一个联合知识驱动和数据驱动的状态估计模型;第 5.3 节和第 5.4

节进行算例分析并总结结论。

5.1　数据与知识联合驱动的电力系统状态估计

5.1.1　状态估计数学描述

系统状态估计是确保电网可靠运行的关键机制,亦是现代电网稳定性和效率的关键机制[21]。在电网中,控制中心需要监测所有母线的电压幅值与相角,以便对运行进行实时决策,但直接测量所有母线的电压相角是不切实际的。因此,控制中心通过收集来自远程智能仪表的量测数据来估计系统的运行状态。具体的量测数据包含节点的注入有功功率、无功功率和电压幅值等,这些数据可用于估算系统中的电压相角。

状态估计量测值和真值的数学表达式为:

$$z = h(x) + v \tag{5-1}$$

式中:z 为量测值,主要来自 SCADA(Supervisory Control And Data Acquisition)的实时数据量测数据,x 为系统状态量,是本章的计算目标,v 是量测的误差向量,h 为状态量到量测量的非线性映射。

5.1.2　数据-知识联合驱动的电力系统状态估计

电力系统中,节点功率方程可表示为下式:

$$P_i = \sum_{j \in i} V_i V_j (G_{ij} \cos\theta_{ij} + B_{ij} \sin\theta_{ij}) \tag{5-2}$$

$$Q_i = \sum_{j \in i} V_i V_j (G_{ij} \sin\theta_{ij} + B_{ij} \cos\theta_{ij}) \tag{5-3}$$

式中:V_i,θ_i 分别为节点 i 的电压幅值与相角;P_i,Q_i 分别为节点的注入有功与无功功率;G_{ii},B_{ii} 分别为节点 i 的自电导与自电纳。当 i 与 j 不等时,G_{ij},B_{ij} 分别为节点 i 与节点 j 的互电导与互电纳。

基于最小二乘法的状态估计通过迭代的方法求解。其通过迭代修正公式,使目标函数趋近于零,计算成本较高。本章引入图卷积计算这一方法,极大地提高了计算速度,并且具有良好的泛化性能。但机器学习主要依赖数据间的数理统计关系而忽略了数据间的物理联系[22],训练样本的质量和数量对模型的准确性有很大的影响。为进一步提高模型精度、降低训练所需样本数,本章在图卷积的基础上将输入输出间的物理关联考虑在内。

在实际电网中,状态量 U, P, Q 通常可以通过 SCADA 获得,相角 θ 获取成本较高,因此本章保留并简化了电气量间的物理机理,通过物理方法获取相角 θ 估计值。数据-知识模型可简化为:

$$\begin{cases} \theta'_{k+1} = f(X_k), \\ \theta_{k+1} = g(\theta'_{k+1}, Y_k) + u \end{cases} \tag{5-4}$$

式中:f 和 g 分别表示知识驱动的机理模型和数据模型关于量测量和状态量的映射关系,下标 k 为时间状态标签,X_k 和 Y_k 表示不同的量测量。u 为随机误差向量。而数据驱动模型的表达式为:

$$\theta_{k+1} = h(Z_k) + v \tag{5-5}$$

式中:h 表示传统数据模型映射函数,v 为随机误差向量,Z_k 为量测量。

由 $(X_k \bigcup Y_k) \subset Z_k$ 可知,数据-知识联合模型能够为数据模型提供高熵输入。一方面,知识驱动方法可以看作是一种很好的特征提取器,它以更少的参数和更少的时间提取高熵特征,为数据驱动方法提供了数据基础,提高了模型的可解释性,避免了模型参数的搜索陷入局部最优;另一方面,知识驱动方法使数据驱动方法的输入特征包含目标特征,在求解数据驱动模型的过程中,可以降低计算复杂度,从而提高数据驱动模型的效率。

由式(5-2)及式(5-3)可看出电网节点的特征参数 P_i, Q_i, V_i 和相角差 θ_{ij} 直接相关,为了更好地挖掘电力系统数据的内在规律,将全局变量相角转化为局部变量相角差 θ_{ij}。此时 θ_{ij} 与电网支路参数一起作为动态边特征来确定图卷积网络 GCN 的权重矩阵。P_i, Q_i 和 V_i 将作为节点特征输入到 GCN 中。

考虑到知识驱动方法能够保留电气量间强耦合关系,而数据驱动方法可以使估计过程具有高时效性,本章采用数据-知识联合驱动方法进行状态估计。对于状态量相角 θ,采用直流潮流的知识驱动的机理模型,将状态估计转化为简化的线性问题,计算出相角的直流估计值。再通过数据驱动的方法利用图深度学习算法实现精确状态量的获取。其中,直流潮流简化程度大,运算速度快;图深度学习能够充分利用电网的拓扑结构提升精度。因此,通过对数据驱动和知识驱动的机理模型的结合,可以快速且精确地实现电力系统快速状态估计。以此为基础构建的实时状态估计方案示意如图5-1所示,具体实施方案将在下面展开。

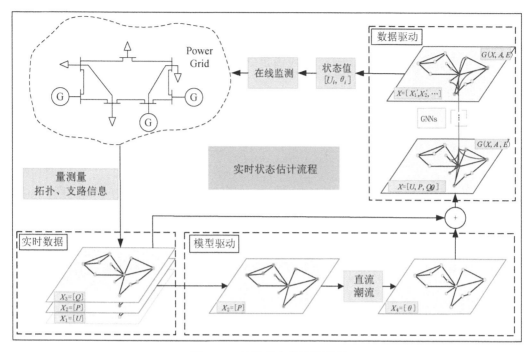

图 5 - 1　快速状态估计流程图

5.2　数据与知识联合驱动的电力系统状态估计方法

5.2.1　基于直流潮流的状态估计

目前主要的状态估计方法是加权最小二乘估计方法,该方法通过求解下式中目标函数最小值,达到求解系统状态量的目的。

$$J(x)=[z-h(x)](TR)^{-1}[z-h(x)] \tag{5-6}$$

$h(x)$为非线性函数,需要不断进行迭代求解,通过对交流系统的简化可得到类似直流潮流的线性解法。假定交流网络支路 $i-j$ 的 $|g_{ij}|\ll|b_{ij}|$,同时系统中线路两端相角差 θ_{ij} 的数值很小,$U_i \approx U_j \approx 1$,略去线路电阻及所有对地支路,可将功率表达式简化为:

$$P_{ij}=-b_{ij}(\theta_i-\theta_j)=\frac{\theta_i-\theta_j}{x_{ij}}$$
$$Q_{ij}=0 \tag{5-7}$$

在不考虑支路无功潮流的情况下,交流电网中的支路可以被视为直流支路,其中支路两端对应的直流电压为 θ_i 和 θ_j，直流电阻对应支路电抗 x_{ij}，直流电流对应有功功率 P_{ij}。

除平衡节点 s 外，其余 $n-1$ 个节点满足以下等式

$$P=B_0'\theta \tag{5-8}$$

也即：

$$\theta=B_0'^{-1}P \tag{5-9}$$

简化后的模型通过线性方程组求解电压相角 θ，大大提高了计算效率。同时，由于简化程度较大，计算精度相应有所降低。通常情况下，对于 $r\ll x$ 的超高压电网，直流潮流的计算误差通常在 $3\%\sim10\%$ 之间，该方法不适用于精度较高的场合。因此，本章后续引入了机器学习方法来校正简化模型的计算结果，以得到更精确的状态估计结果。

5.2.2 基于图深度学习的状态估计

电网存在着天然的拓扑结构，可被建模为一种特殊的图结构，用 $G(\boldsymbol{X},\boldsymbol{A},\boldsymbol{E})$ 的形式表示。其中 $\boldsymbol{X}$ 是电网节点特征矩阵，表征电网各个节点的信息；$\boldsymbol{A}$ 是邻接矩阵，用来描述电网的拓扑结构；$\boldsymbol{E}$ 表示边权值矩阵，表示电网的支路信息。与只能处理散点数据的卷积神经网络相比，图深度学习算法与电网结合能够充分反映电网的拓扑结构，能够更加准确地捕捉电网的空间连接关系。在数据驱动这一模块中，本章首先采用考虑边权值的拓展图卷积算法将电力网络的节点特征、拓扑结构与支路信息聚合，再使用图卷积对网络节点特征进行聚合，最后得到多维特征向量。

（1）节点特征卷积

在电力网络中，每个节点都有自己的特征：$\boldsymbol{X}=[P_i,Q_i,V_i]^{\mathrm{T}}$，当激活函数为 σ 时，其数学模型为：

$$X^{(l+1)}=\sigma(\widetilde{\boldsymbol{D}}^{-\frac{1}{2}}\widetilde{\boldsymbol{A}}\widetilde{\boldsymbol{D}}^{-\frac{1}{2}}\boldsymbol{X}^{(l)}\boldsymbol{W}^{(l)}) \tag{5-10}$$

式中：$\boldsymbol{X}^{(l)}$ 表示第 l 层的特征参数，$\widetilde{\boldsymbol{A}}$ 是一个 $N\times N$ 维的邻接矩阵，表示各个节点之间的连接关系，$\widetilde{\boldsymbol{D}}$ 是 $\widetilde{\boldsymbol{A}}$ 的度矩阵，$\boldsymbol{W}^{(l)}$ 是 l 层的权重矩阵[23]。

在卷积过程中，采用 $\widetilde{\boldsymbol{D}}^{-\frac{1}{2}}\widetilde{\boldsymbol{A}}\widetilde{\boldsymbol{D}}^{-\frac{1}{2}}$ 矩阵对特征进行归一化，防止训练过程中发生梯度消失或梯度爆炸现象，再通过权重 $\boldsymbol{W}^{(l)}$ 对特征进行平均加权聚合，最后通过激活函数输出到下一层，形成新的特征矩阵。本章采用的激活函数是 ReLU 函数，它主要起

到克服梯度消失和加快训练速度的作用。

如图 5-2 所示,节点 1 的节点特征 X_1^0 通过聚合邻居节点 X_2^0,X_3^0,X_4^0,X_6^0 特征信息来表示邻居节点对自己的影响,最终在输出层映射出新的节点特征 X_1^1。

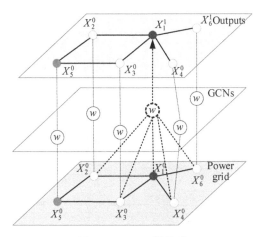

图 5-2 GCN 的结构

(2) 含有节点特征与边特征的边权值卷积

由式(5-2)及式(5-3)可看出电网节点的特征参数 P_i,Q_i,V_i 和相角差 θ_{ij} 直接相关,因此将相角差 θ_{ij} 作为输入标签,设支路上的标签值 $L(j,i)$ 对应于电力网络中的线路参数 $[\theta_{ij},r,x,b]$。对于估计值和真实值之间的相对误差较小的节点特征,通常采用平均聚合的方法;而对于相对误差较大的边特征,通常采用加权聚合的方法。由于节点的无序性和邻居节点数量的不确定性,传统的权重定义方法很难实现。多层感知器(Multilayer Perceptrons,MLPs)可以有效地解决这个问题,其数学模型可以用式(5-11)表示:

$$\Theta_{ji}^l = F^l(L(j,i);w^l) \tag{5-11}$$

式中:函数 F^l 由可学习的网络权重参数化,其输入为与节点相连的边的特征 $L(j,i)$,w^l 为 MLPs 中的参数,是神经网络中可训练的参数。多层感知器的输出是一个动态的权值矩阵,用于描述某节点的邻居节点对该节点本身的影响。节点 i 在第 l 层的特征值 $X^l(i)$ 由它的邻居节点在第 $l-1$ 层的权重值所影响。其数学模型如下:

$$X^l(i) = \frac{1}{|N(i)|} \sum_{j \in N(i)} \Theta_{ji}^l X^{l-1}(j) + b^l \tag{5-12}$$

式中:$X^l(i)$ 为节点 i 在第 l 层的特征值。b^l 是仅在训练过程中更新的偏置量。$N(i)$ 是包括其自身在内的所有邻居节点。在训练的过程中,b^l 和 w^l 在每次迭代中都会更新,而在测试过程中则不会改变[24]。

类似于 CNN 中动态卷积核的作用,Θ_{ji}^l 是动态改变的。而后通过动态的 Θ_{ji}^l 赋予节点特征 $X^l(i)$ 不同的权重,最后将所有邻居节点的特征加权取和求平均值,从而实现对节点自身状态的更新。

如图 5-3 所示,在神经网络第 l 层到第 $l+1$ 层变换的过程中,节点 X_1^0 通过加权平均聚合的方式聚合 X_2^0, X_3^0, X_4^0 的特征得到新的特征值 X_1^1,其中权重由边特征 $L(j,i)$ 决定。

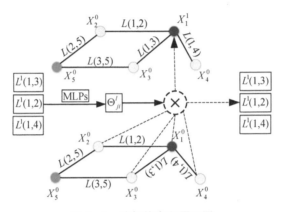

图 5-3 边权值卷积原理图

5.2.3 基于数据-知识联合驱动的状态估计实施方案

本章采用的算法流程如图 5-4 所示,分为离线训练和在线应用两个部分。离线训练主要通过历史数据确定训练模型的参数配置,在线应用采用训练后的模型进行状态估计。在线应用具体步骤如下:

(1)对当前时刻的量测量进行处理,采用直流潮流算法,通过线路电抗和节点功率计算相角,并求出相角差。

(2)将相角差作为线路参数,与其他线路参数一起形成边特征矩阵;将节点电压和有功功率、无功功率作为节点参数形成节点特征矩阵;根据拓扑结构信息形成邻接矩阵。然后将这些参数一起送入已离线训练完成的模型中。

(3)利用训练完成的节点网络得到估计的电压幅值;利用训练完成的边权值网络可以得到边的相角差值,最后通过最短路径算法推算出节点相角。

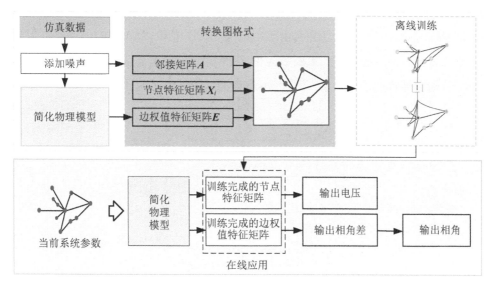

图 5 - 4　状态估计流程图

5.3　算例分析

5.3.1　样本集的构造

提出的状态估计方法在 IEEE 57 节点系统上进行模型的调试,并拓展到 IEEE 9 节点、14 节点、30 节点、118 节点中进行测试验证。采用 matpower 进行训练样本和测试样本的生成,系统运行参数设置为:假设系统负荷整体水平服从 0.8~1.0 区间内的平均分布;各个节点的注入功率服从独立的正态分布,其中将正态分布的数学期望和标准差设置为注入功率的基值和注入功率基值的 3%。在实际应用中,将某电力系统运行过程中生成的大量历史数据作为样本,可以训练出更加高精度、可靠且贴合实际的模型。负荷分布的范围亦可以扩展,以增强模型对不同操作场景的适应性。对于每个测试系统,总共生成 2 000 个样本。其中,1 000 个样本用于训练神经网络,其余 1 000 个样本用于测试训练模型的有效性。

提出的模型在 Python 中开发实现。测试所用的计算机配置为:Intel Core i5-10400 2.90 GHz 的 CPU、16 GB RAM。

5.3.2　数据驱动模型的结构

本章搭建了如图 5 - 5 所示的三层网络构成的状态估计模型,其中第一层为考虑支路参数与节点参数的边权值卷积层,第二层为仅考虑节点参数的图卷积层,这两层实现了对电力系统特征的聚合和提取。最后通过全连接层对提取的特征进行线性运算,得到状态估计的估计值。同时,由于每增加一层图卷积,节点的输出特性将受到距离测量位置多一跳的影响。如果层数太少,则不能充分考虑节点与高阶邻居节点的联系,反之,则会导致过平滑现象。因此,本章在测试中选取了两层图卷积。

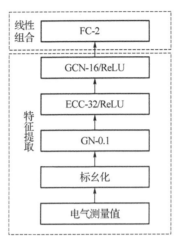

图 5 - 5 模型网络结构

图 5 - 5 中符号说明:GN-0.1 表示对数据添加均值为 0、标准差为 0.1 的加性高斯噪声,起到正则化的作用,对输入数据进行破坏,防止过拟合。ECC-32/ReLU 表示边权值卷积层 ECC 输出的特征维数是 32 维,采用的激活函数是 ReLU。GCN-16/ReLU 表示图卷积层 GCN 输出的特征是 16 维,但不再考虑边权值,从而简化了结构、节省了不必要的计算。FC-2 表示全连接层的输出为二维系统状态量$[U, \theta_{ij}]$。

5.3.3 模型精度比较

为了比较基于数据驱动的状态估计在性能方面的优势,本小节选择深度神经网络(Deep Neural Networks,DNN)与单一的图卷积网络 GCN 作为对照模型,对本章提出的模型与对照模型输入相同的样本,比较分析几种模型的精度。

本小节的输入为前文构造的 IEEE 57 节点系统样本,将$\{P_i, Q_i, V_i\}$添加 1% 的高斯噪声作为伪量测量,输出为状态量$\{V_i, \theta_{ij}\}$。取估计误差$\tilde{x} = x - \hat{x}$作为评判标准,其中 x 为真实值,$\hat{x}$为估计值。几种方法在测试集上得到的状态估计结果如下述频数分布图 5 - 6、图 5 - 7 所示。

由上图可看出数据-知识联合的方法对状态量θ_i的估计误差更加集中于$-2 \times 10^{-3} \sim 2 \times 10^{-3}$ rad 之间,而基于单一的图卷积网络 GCN 的状态估计方法对状态量θ_i的估计误差主要集中在$-4 \times 10^{-3} \sim 4 \times 10^{-3}$ rad,基于深度神经网络 DNN 的状态估

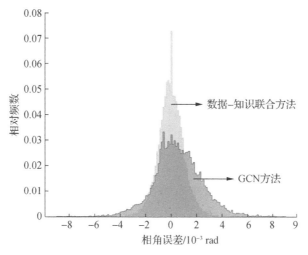

图 5-6 数据-知识联合方法与单一的 GCN 方法相角精度对比

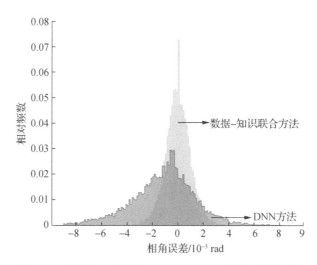

图 5-7 数据-知识联合方法与 DNN 方法相角精度对比

计方法对状态量 θ_i 的估计误差主要集中在 $-5 \times 10^{-3} \sim 5 \times 10^{-3}$ rad,可以看出数据-知识联合的方法在精度方面相较于其他两种方法有更好的性能。

相同的结论亦可由图 5-8 得出,其中评估标准为平均绝对误差(Mean Absolute Error,MAE)。

由于电压幅值量测的误差本身就很小,对它的估计本质上属于滤波问题,无论是采用本章提出的方法还是采用其他几种对照方法都能取得很接近真值的估计值。几种方法的电压幅值精度对比如图 5-9 所示,可见在大多数点的预测上,数据-知识联合方法表现得更好。

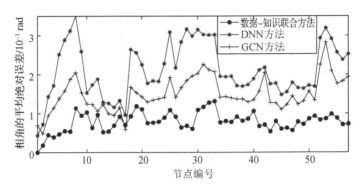

图 5-8　数据-知识联合方法、DNN 方法与 GCN 方法的相角精度对比

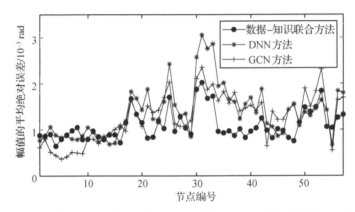

图 5-9　数据-知识联合方法、DNN 方法与 GCN 方法的幅值精度对比

5.3.4　模型抗差能力分析

为了分析数据-知识联合方法的抗差能力,本小节将数据-知识联合驱动方法与不同噪声条件下的加权最小二乘法 WLS、加权最小绝对值法 WLAV 进行了比较。由图 5-10 知,当噪声标准差小于状态值的 1% 时,联合方法与 WLS 方法都表现良好,其平均绝对误差均小于 $2×10^{-3}$ rad。

文献[25]表明,WLAV 方法在抑制不良测量方面表现出良好的性能,它能抵抗数据中的异常值,在状态估计中的性能要优于 WLS 方法。然而,如图 5-11 所示,随着噪声标准差的增加,WLS 和 WLAV 方法的精度均逐渐降低,本章所提出的方法的泛化性能表现最好。

如图 5-10 可知,在训练模型时,可以通过改变高斯噪声层的参数来提高模型的鲁棒性。当测试集的噪声标准差非常小时,标准差为 0.01 的模型精度要略好于标准差为 0.1 的模型。然而,当噪声标准差超过状态值的 1% 时,以标准差为 0.1 训练的模型在精度方面表现更好。因此,可以根据不同场景的不同需求,手动设置高斯噪声层的参数。当测量误差小于 1% 时,将噪声标准差设为 0.01 更为合适。当测量噪声较大时,将其设置为 0.1 可以获得更好的效果。

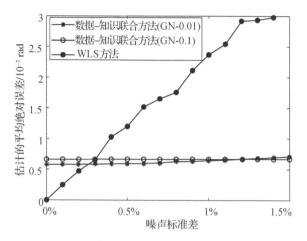

图 5‐10 噪声变化较小时不同方法抗差能力比较

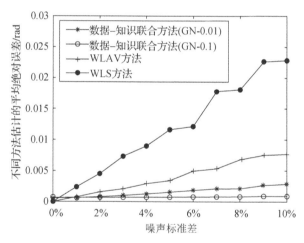

图 5‐11 噪声变化较大时不同方法抗差能力比较

得益于图卷积网络的鲁棒性,该模型还具有很好的应对零星和小输入误差的能力,但它不足以处理更严重的错误。因此,在后续工作中,计划引入统计法、基于聚类的方法、特殊异常检测算法等异常检测方法。密度估计是一种统计方法,文献[13]采用这种方法来检测状态估计之前输入中的错误。

5.3.5 模型适应性分析

为了分析本章提出的模型对不同规模系统的适用性,本小节分别在 IEEE 9 节点、14 节点、30 节点、57 节点、118 节点上进行测试,所得估计值的平均绝对误差如表

5-1所示。可以看出,模型在应对9、14、30、57节点系统时平均绝对误差都比较小,在2×10^{-3} rad以下。而118节点系统的平均绝对误差则比较大,原因可能是系统规模扩大后1 000个训练样本难以充分描述系统特征,模型无法完成充分的训练,导致了其过拟合。在采用9 000个样本进行训练后,估计值的平均绝对误差降到了1.96×10^{-3} rad。

表5-1　不同规模系统估计的平均绝对误差

系统规模	平均绝对误差 MAE/rad
9	3.43×10^{-4}
14	2.95×10^{-4}
30	2.71×10^{-4}
57	6.45×10^{-4}
118	8.06×10^{-4}

5.3.6　模型时效性分析

数据-知识联合模型的一大优点在于解决了计算速度和计算精度的矛盾,前文已经表明了模型在精度方面的优势。在时间层面,本章将训练完成的模型与基于加权最小二乘法的状态估计进行比较,其中对于1 000个相同样本,通过取总的计算时间的平均值来计算单个样本的计算时间。

由表5-2可看出在不同规模的节点系统中,基于数据-知识联合驱动模型的计算时间较WLS法有了极大的提升。随着系统规模的增大,数据-知识联合方法的时效性越来越明显。

表5-2　对比传统方法计算时效性

系统规模	数据-知识联合	WLS	加速比
9	0.126 ms	3.90 ms	31.0
14	0.191 ms	5.52 ms	28.9
30	0.403 ms	13.9 ms	34.5
57	1.28 ms	36.6 ms	28.6
118	5.02 ms	157 ms	31.4
2 383	2.42 s	101 s	41.7

5.4　本章小结

本章提出了基于图卷积的数据-知识联合驱动状态估计方法,在充分保留电气信息间的强因果关系的前提下,使用图卷积网络进行拟合校正。经算例分析,对于本章提出的模型可以得到以下结论:

(1) 当冗余度较小时,与深度神经网络 DNN 和单一的图卷积网络 GCN 方法相比,数据-知识联合驱动方法的精度更高,且在相角的预测上表现更好。

(2) 模型具有很好的抗差能力,且可根据实际情况进行调整,能够适应一些非常规场合。

(3) 模型在不同规模系统中均具有良好的适应性,且模型的精度可根据训练样本数量的增多而提升。

(4) 在时效性方面,不考虑训练时间的情况下,本章所提方法相较于加权最小二乘法 WLS 要快得多,计算速度提升约 50 倍。

5.5　参考文献

[1] Safta C, Chen R L Y, Najm H N, et al. Efficient uncertainty quantification in stochastic economic dispatch[J]. IEEE Transactions on Power Systems, 2017, 32(4): 2535 - 2546.

[2] Tang Y C, Ten C W, Wang C L, et al. Extraction of energy information from analog meters using image processing [J]. IEEE Transactions on Smart Grid, 2015, 6(4): 2032 - 2040.

[3] Erdiwansyah, Mahidin, Husin H, et al. A critical review of the integration of renewable energy sources with various technologies[J]. Protection and Control of Modern Power Systems, 2021, 6(1): 1 - 18.

[4] Schweppe F C, Wildes J. Power system static-state estimation, part I: Exact model[J]. IEEE Transactions on Power Apparatus and Systems, 1970, 89(1): 120 - 125.

[5] Horisberger H P, Richard J C, Rossier C. A fast decoupled static state-estimator for electric power systems[J]. IEEE Transactions on Power Apparatus and Systems, 1976, 95(1): 208 - 215.

［6］ Xie L, Choi D H, Kar S, et al. Fully distributed state estimation for wide-area moni-toring systems［J］. IEEE Transactions on Smart Grid, 2012, 3(3): 1154 – 1169.

［7］ Yuan C, Zhou Y Q, Liu G Y, et al. Graph computing-based WLS fast decoupled state estimation［J］. IEEE Transactions on Smart Grid, 2020, 11(3): 2440 – 2451.

［8］ Zamzam A S, Fu X, Sidiropoulos N D. Data-driven learning-based optimization for distribution system state estimation［J］. IEEE Transactions on Power Systems, 2019, 34(6): 4796 – 4805.

［9］ Zhang L, Wang G, Giannakis G B. Real-time power system state estimation and forecasting via deep unrolled neural networks［J］. IEEE Transactions on Signal Processing, 2019, 67(15): 4069 – 4077.

［10］ Liao H L, Milanovićc J V, Rodrigues M, et al. Voltage sag estimation in sparsely monitored power systems based on deep learning and system area map-ping［J］. IEEE Transactions on Power Delivery, 2018, 33(6): 3162 – 3172.

［11］ Weng Y, Negi R, Faloutsos C, et al. Robust data-driven state estimation for smart grid［J］. IEEE Transactions on Smart Grid, 2017, 8(4): 1956 – 1967.

［12］ Hadayeghparast S, Jahromi A N, Karimipour H. A hybrid deep learning-based power system state forecasting［C］//2020 IEEE International Conference on Systems, Man, and Cybernetics (SMC). October 11 – 14, 2020, Toronto, ON, Canada. IEEE, 2020: 893 – 898.

［13］ Xingquan, Ji, . Real-time robust forecasting-aided state estimation of power system based on data-driven models［J］. International Journal of Electrical Power & Energy Systems, 2021, 125: 106412.

［14］ Zhang L, Wang G, Giannakis G B. Power system state forecasting via deep re-current neural networks［C］//ICASSP 2019—2019 IEEE International Confer-ence on Acoustics, Speech and Signal Processing (ICASSP). May 12 – 17, 2019, Brighton, UK. IEEE, 2019: 8092 – 8096.

［15］ Ren C, Xu Y. A fully data-driven method based on generative adversarial net-works for power system dynamic security assessment with missing data［J］. IEEE Transactions on Power Systems, 2019, 34(6): 5044 – 5052.

［16］ Mestav K R, Tong L. State estimation in smart distribution systems with deep gen-erative adversary networks［C］//2019 IEEE International Conference on Communica-tions, Control, and Computing Technologies for Smart Grids (SmartGridComm).

October 21 – 23, 2019, Beijing, China. IEEE, 2019: 1 – 6.

[17] Wu Z H, Pan S R, Chen F W, et al. A comprehensive survey on graph neural networks[J]. IEEE Transactions on Neural Networks and Learning Systems, 2021, 32(1): 4 – 24.

[18] Bian T, Xiao X, Xu T Y, et al. Rumor detection on social media with Bi-directional graph convolutional networks[J]. Proceedings of the AAAI Conference on Artificial Intelligence, 2020, 34(1): 549 – 556.

[19] Raju A, Yao J W, Haq M M, et al. Graph Attention Multi-instance Learning for Accurate Colorectal Cancer Staging[C]//International Conference on Medical Image Computing and Computer-Assisted Intervention. Cham: Springer, 2020: 529 – 539.

[20] Diao Z L, Wang X, Zhang D F, et al. Dynamic spatial-temporal graph convolutional neural networks for traffic forecasting[J]. Proceedings of the AAAI Conference on Artificial Intelligence, 2019, 33(1): 890 – 897.

[21] Liu Y, Ning P, Reiter M K. False data injection attacks against state estimation in electric power grids[J]. ACM Transactions on Information and System Security, 2011, 14(1): 1 – 33.

[22] Wang Q, Li F, Tang Y, et al. Integrating model-driven and data-driven methods for power system frequency stability assessment and control[J]. IEEE Transactions on Power Systems, 2019, 34(6): 4557 – 4568.

[23] Kipf T N, Welling M. Semi-supervised classification with graph convolutional networks [EB/OL]. 2016: arXiv: 1609. 02907. https://arxiv. org/abs/1609. 02907.

[24] Simonovsky M, Komodakis N. Dynamic edge-conditioned filters in convolutional neural networks on graphs[C]//2017 IEEE Conference on Computer Vision and Pattern Recognition (CVPR). July 21 – 26, 2017, Honolulu, HI, USA. IEEE, 2017: 29 – 38.

[25] Chen Y B, Liu F, Mei S W, et al. A robust WLAV state estimation using optimal transformations[J]. IEEE Transactions on Power Systems, 2015, 30 (4): 2190 – 2191.

第六章
数据与知识联合驱动在频率动态特征分析中的应用

随着大规模特高压交直流输电通道建设的推进,受电比例增高间接降低了受端电网中传统电源的频率调节能力,导致大功率缺额情况下电网频率异常波动的风险增加[1]。以华东电网为例,自 2015 年下半年以来已发生多起因特高压直流闭锁造成的频率跌落事故[2]。因此,在系统受扰后对电网暂态频率态势进行高精度在线预测,对保证受端电网频率稳定具有重要意义。

传统的电力系统受扰后频率机电暂态特性的分析方法以知识驱动的机理模型为基础,主要有通过求解包含全网模型的高阶非线性微分代数方程组的全时域仿真法[3]、以平均系统频率模型[4]和系统频率响应模型(System Frequency Response, SFR)[5]为代表的单机带负荷模型等值法以及以直流潮流法[6]和系统方程线性化方法[7-8]为代表的模型线性化方法。上述基于知识驱动的机理模型的分析方法在线应用时,存在计算精度与计算效率之间的矛盾。

近年来,迅速发展的数据科学理论为电力系统频率预测提供了新思路[9-10]。作为代表的机器学习方法能够完全脱离知识驱动的机理模型层面,利用历史数据挖掘系统输入输出之间的关联关系[11-12]。该类方法在数据分析处理速度方面具有显著优势。理论上讲,若具备充足、精确的样本,机器学习方法可精确拟合各种非线性环节的响应特性。但样本选取方式、质量及算法本身将直接影响其有效性[13]。与其他应用领域相比,电力系统数据间往往存在自然的物理关联关系(如基尔霍夫定律和欧姆定律),结合数据的物理规律(因果关系)有利于提出更为精确和高效的算法[14]。

针对现有单独应用因果理论或统计理论的频率稳定分析方法在线应用的不适应性,本节采用一种知识与数据融合建模的分析思路[14],对影响频率整体态势的关键因素采用知识驱动的机理建模以保留电气信息间的强因果关系,对影响频率误差的非关键因素采用基于机器学习算法的预测误差校正模型以表征误差影响的关联关系,从而提高电网在线态势分析的精度。

6.1　电力系统频率响应模型方法性能分析及改进

当前电力工业中应用的安稳控制系统采用的"离线计算、实时匹配"和"在线预决策、实时匹配"两种决策模式均是为了应对可预见事件。然而随着电力系统规模的扩大和装备组成的增加,"不可预见"事件日益增多。因此,超前预测系统动态过程能够为电网任何故障事件提供更为准确的决策方案[15]。基于同步相量测量单元(Phasor Measurement Unit,PMU)的广域量测系统(Wide Area Measurement System,WAMS)为上述过程提供了全局信息支撑[16]。

现代电网受扰后暂态频率变化通常在数秒至数十秒达到极值(如 2015 年 9 月 19 日锦苏直流双极闭锁事故导致华东电网在 12 s 后跌落 0.41 Hz,同年 10 月 20 日宾金直流单极闭锁事故导致华东电网在 9 s 后跌落 0.24 Hz),因此具备在扰动发生后,通过广域信息对全网频率态势进行超前预测以支撑后续控制措施的条件。在本节中,基于"关键因素知识驱动模型-非关键因素数据模型"的建模思想,对其在电网频率在线态势分析中的应用进行了研究。

6.1.1　频率态势预测的物理简化模型

目前在线应用的频率态势预测方法主要为以 SFR 为代表的单机等值模型法[5]。该类方法将全网发电机/负荷模型等值成单机带集中负荷模型,以 SFR 模型为例,其所忽略的部分包括网络拓扑、发电机/负荷的电压无功动态特性,调速器-原动机模型中较小的时间常数环节、限幅环节和非线性环节,从而获得系统受扰后频率响应的解析解。基于此,国内外的研究人员亦提出了更详细的 SFR 模型以及更精确的基于广域量测的频率响应模型[8,17-18]。本章所提知识驱动-数据融合模型方法中,物理机理模型的选择具有较好的灵活性,在本章研究中采用 SFR 模型作为简化物理模型。需要说明的是,所提知识驱动-数据融合模型方法中,知识驱动的机理模型亦可用上述改进的频率响应模型替代。

采用扰动功率 P_d 表示系统不平衡功率的变化,作为模型的输入,SFR 模型可由如下公式表达:

$$\Delta\omega=\left(\frac{R\omega_n^2}{DR+K_m}\right)\left(\frac{(1+T_R s)P_d}{s(s^2+2\zeta\omega_n s+\omega_n^2)}\right) \tag{6-1}$$

其中,

$$\omega_n^2 = \frac{DR+K_m}{2HRT_R}$$

$$\zeta = \left[\frac{2HR+(DR+K_mF_H)T_R}{2(DR+K_m)}\right]\omega_n \qquad (6-2)$$

式中,H 为等值的惯性时间常数;D 为等值阻尼的系数;R 为等值的系统调差系数;F_H 为等值再热机组高压缸容量系数;T_R 为等值再热时间常数;K_m 为旋转备用容量及系统功率因数有关的常数;P_d 为扰动功率;$\Delta\omega$ 为频率偏差值[17]。

SFR 模型方法应用的前提是将包含所有机组的完整系统等值成单机系统,参考文献[5]所提的等值方法,根据系统惯性中心变换理论,对系统中所有的机组进行合并,忽略系统网络的作用,从而归化计算出单机系统的参数。

由于简化程度较大,该类方法的计算速度获得大幅提高,但计算精度有所降低。以标准 WSCC 9 节点系统为例,设置 0 s 时,母线 5 分别发生 100 MW 和 58 MW 的功率扰动,SFR 模型方法和时域仿真结果对比如图 6-1 所示。由图可知,SFR 模型方法能够大致描述系统受扰后的频率响应过程,但预测精度一般。在功率扰动分别为 100 MW 和 58 MW 的场景下,其最低频率预测的误差分别达到了 0.39 Hz 和 0.35 Hz。该误差使其难以适应实际应用场景中高精度的要求,有必要对预测结果进行校正,减小误差。

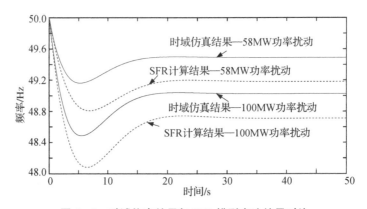

图 6-1　时域仿真结果与 SFR 模型方法结果对比

6.1.2　基于机器学习方法的系统频率响应校正模型

机器学习方法能利用给定训练集自动地猜测/拟合输入数据与输出数据的关联关系。但考虑电力系统稳定应用样本数量受限,可能导致机器学习方法出现欠拟合。因此,如何提高机器学习方法输入数据的信息含量是其在电力系统稳定领域应用的关键。

对于电力系统频率稳定问题,决定系统受扰后频率响应特性的最主要因素为发电机组和负荷组成的系统的惯性、阻尼和调速特性。在研究中,将这部分主要影响因素视为频率稳定问题研究的关键因素;而网架结构、电压无功动态特性等也对系统频率态势造成轻微影响,将这部分次要影响因素视为频率稳定问题研究的非关键因素。

针对关键因素,以 SFR 模型方法为代表的基于实际系统简化等效的计算分析方法能够大致获得系统受扰后的频率变化轨迹曲线。因此考虑采用该知识驱动的机理简化模型保留电力系统频率稳定问题的输入输出数据之间较为明显的物理联系。

为进一步提高以 SFR 模型为代表的频率响应模型的计算精度,考虑采用机器学习方法结合各类次要因素,对频率响应模型的误差进行修正,提出基于机器学习方法的系统频率响应校正模型,其离线训练及在线应用方式如图 6-2 所示。

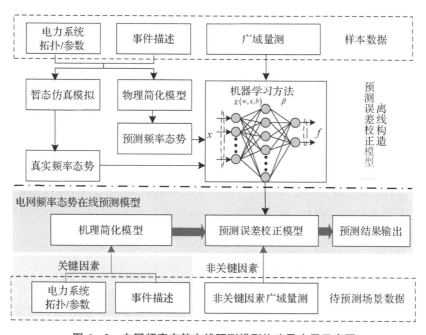

图 6-2 电网频率态势在线预测模型构建及应用示意图

电网频率态势在线预测模型包括知识驱动的机理简化模型和预测误差校正模型。其中,知识驱动的机理简化模型(采用 SFR 模型)基于关键因素对频率动态的影响机理构建,以扰动事件描述、电力系统拓扑/参数等信息为输入。而预测误差校正模型的输入为知识驱动的机理简化模型的预测频率态势以及非关键因素的广域量测信息,输出为真实频率态势,经机器学习方法对样本数据离线训练后建立。

在实际应用中,电网频率态势在线预测模型的核心在于知识驱动的机理简化模型与预测误差校正模型的协调机制:知识驱动的机理简化模型首先基于事件描述、电力系统拓扑/参数信息对频率态势进行预测,其预测结果与非关键因素的广域量测信息共同作为预测误差校正模型的输入,进而输出最终的频率态势。具体实施方法将在下节展开。

6.2 知识驱动-数据融合的电网暂态频率在线预测模型

电网频率态势分析的知识驱动-数据融合建模方法实际应用时,需要进行模型参数配置(包括离线配置的固定模型参数和在线实时更新的输入参数)、机器学习算法配置和通信异常状态应对方案等。

6.2.1 系统频率响应模型参数配置

SFR 模型方法应用的前提是将包含所有机组的完整系统等值成单机负荷系统,参考文献[5]所提等值方法是基于系统惯性中心变换理论,对系统中所有的机组进行聚合。

$$\frac{S_B}{S_{SB}} \sum_i 2H_i s \Delta\omega = \frac{K_m(1+F_H T_R s)}{(1+T_R s)} \left[\frac{S_B}{S_{SB}} \sum_i P_{SPi} - \frac{S_B}{S_{SB}} \sum_i (\frac{1}{R_i}) \Delta\omega \right] - \frac{S_B}{S_{SB}} \sum_i P_{ei}$$

$$(6-3)$$

式中,S_B 为系统基准容量,S_{SB} 为系统中各发电机额定容量的和,H_i,R_i,P_{SPi} 和 P_{ei} 分别为发电机 i 的惯性时间常数、调差系数、扰动功率和电磁功率。K_m 受系统功率因数和系统备用影响,通过下式计算:

$$K_m = \frac{P_m}{S_{SB}} = \frac{1}{S_{SB}} \sum_i S_{Bi} F_{Pi} (1-f_{SR}) = F_p(1-f_{SR})$$ $$(6-4)$$

式中,F_p 为功率因数,假设所有机组功率因数恒定;f_{SR} 为系统旋转备用容量比例。

SFR 模型预测结果是解析化的频率时域表达式,无法直接作为机器学习方法的输入。功率扰动后,系统频率将发生波动,其动态特性的主要特征可通过三个变量描述:频率变化极值、极值出现时间和频率稳态值。因此选取上述特征变量作为频率态势特征值,通过修正 SFR 模型方法对上述变量的预测结果,以获得对受扰系统频率态势准确感知。

6.2.2 不平衡功率在线计算

(1)基于等效惯量中心频率的不平衡功率计算方法

电力系统发生联络线中断、发电机组外送线路中断事件等故障而产生有功功率缺额时,通常无法直接获得该缺额数值,需要通过系统发电机端频率数据计算[16]。

单台发电机转子承担的不平衡功率为:

$$\Delta P = P_m - P_e = 2\frac{H}{f_N}\frac{\mathrm{d}f}{\mathrm{d}t} \tag{6-5}$$

系统总不平衡功率通过所有机组承担的不平衡功率求和,可得:

$$\Delta P_{\mathrm{all}} = \sum_i \Delta P_i = \frac{2}{f_N}\sum_i \frac{H_i \mathrm{d}f_i}{\mathrm{d}t} \tag{6-6}$$

根据系统惯量中心频率定义:

$$\frac{\mathrm{d}f_{\mathrm{COI}}}{\mathrm{d}t} = \frac{\sum \dfrac{H_i \mathrm{d}f_i}{\mathrm{d}t}}{\sum H_i} \tag{6-7}$$

代入式(6-6),得:

$$\Delta P_{\mathrm{all}} = \frac{\mathrm{d}f_{\mathrm{COI}}}{\mathrm{d}t}\frac{2\sum H_i}{f_N} \tag{6-8}$$

在线应用时系统功率不平衡量可以通过受扰初期发电机端 PMU 量测数据计算得到,采用五个周波(100 ms)内频率变化率作为不平衡量计算输入。

(2)通信网络故障时不平衡功率在线计算方法

高速、可靠的电力通信网络是实施电力系统频率在线态势预测方法的基础。然而受设备状态和外部因素的影响,通信网络存在发生中断、异常延时等故障的风险,可能导致其所支撑的系统业务失效。对于无法获取频率信息的节点,其频率值采用临近 PMU 设备量测量替代,则电力系统惯量中心的频率变化为:

$$\frac{\mathrm{d}\widetilde{f}_{\mathrm{COI}}}{\mathrm{d}t} = \frac{\displaystyle\sum_{i\in G_n, i\neq j} \frac{H_i \mathrm{d}f_i}{\mathrm{d}t} + \frac{H_j \mathrm{d}\widetilde{f}_j}{\mathrm{d}t}}{\sum H_i} \tag{6-9}$$

其中 $\widetilde{f}_j$ 为第 j 台发电机组的替代频率。将估算的系统惯性中心频率变化率代入式(6-6)即可进行系统功率缺额的估算。

6.2.3 机器学习方法配置

常用的机器学习方法包括人工神经网络、决策树、支持向量机(Support Vector Machine,SVM),以及极限学习机(Extreme Learning Machine,ELM)等,可解决分类和回归等问题。其中,ELM 自 2006 年被提出后经过不断改进和完善,已成为机器学习的热门研究方向[19]。与其他方法相比,ELM 具有如下特点:(1) 在学习过程中隐层节点/神经元不需要迭代调整;(2) 既属于通用单隐层前馈网络,又属于多隐层前馈网络;(3) 其相同架构可用作特征学习、聚类、回归和分类多种问题;(4) 相比较 ELM,SVM 等机器学习方法均趋向于得到次优解[20]。

因此,鉴于极限学习机方法在训练代价、泛化性能以及最优解求取方面的优势,采用该方法对所研究问题非关键因素进行建模,其算法结构如图 6-3 所示。图中,$x_i = [x_{i1}, x_{i2}, \cdots, x_{in}]^T \in \mathbf{R}^n$ 为输入,包括惯量中心频率变化极值、极值出现时刻、频率稳态值、在线量测的发电机和负荷母线注入有功、无功数据,以及不平衡功率值。假设 $t_i = [t_{i1}, t_{i2}, \cdots, t_{in}]^T \in \mathbf{R}^m$ 为真实输出,输出结果为频率态势特征预测信息,包括:频率变化极值、极值出现时刻,以及频率稳态值。

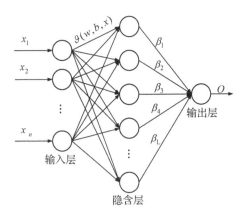

图 6-3 极限学习机结构示意图

因此,对于 N 个任意不同的样本 (x_i, t_i),当隐层单元为 $\widetilde{N}$,激活函数为 $g(x)$ 时,其数学模型可通过下式表示。

$$\sum_{i=1}^{\widetilde{N}} \boldsymbol{\beta}_i g_i(\boldsymbol{x}_j) = \sum_{i=1}^{\widetilde{N}} \boldsymbol{\beta}_i g(\boldsymbol{w}_i \cdot \boldsymbol{x}_j + b_j) = \boldsymbol{o}_j, \quad j = 1, 2, \cdots, N \qquad (6-10)$$

其中 $w_i = [w_{i1}, w_{i2}, \cdots, w_{in}]^T$ 是连接输入特征和第 i 个隐层单元的权重向量;$\boldsymbol{\beta}_i = [\beta_{i1}, \beta_{i2}, \cdots, \beta_{in}]^T$ 是连接第 i 个隐层单元和输出结果的权重向量;b_i 是第 i 个隐层单元偏置;$w_i \cdot x_j$ 代表二者内积。若预测结果能准确地近似这 N 组样本的实际结果 t_j,那么则有下式成立:

$$\sum_{j=1}^{N} \| \boldsymbol{o}_j - \boldsymbol{t}_j \| = 0 \qquad (6-11)$$

即存在 $\boldsymbol{\beta}_i, w_i$ 和 b_i 满足下式:

$$\sum_{i=1} \boldsymbol{\beta}_i g(\boldsymbol{w}_i \cdot \boldsymbol{x}_j + b_j) = t_j, \quad j = 1, 2, \cdots, N \tag{6-12}$$

将上式进行形式上的化简，可表示为下式：

$$\boldsymbol{H\beta} = \boldsymbol{T} \tag{6-13}$$

其中：

$$\boldsymbol{H}(\boldsymbol{w}_1, \cdots, \boldsymbol{w}_{\tilde{N}}, b_1, \cdots, b_{\tilde{N}}, \boldsymbol{x}_1, \cdots, \boldsymbol{x}_{\tilde{N}})$$
$$= \begin{bmatrix} g(\boldsymbol{w}_1 \cdot \boldsymbol{x}_1 + b_1) & \cdots & g(\boldsymbol{w}_{\tilde{N}} \cdot \boldsymbol{x}_1 + b_{\tilde{N}}) \\ \vdots & \cdots & \vdots \\ g(\boldsymbol{w}_N \cdot \boldsymbol{x}_N + b_1) & \cdots & g(\boldsymbol{w}_{\tilde{N}} \cdot \boldsymbol{x}_N + b_{\tilde{N}}) \end{bmatrix}_{N \times \tilde{N}}, \tag{6-14}$$

$$\boldsymbol{\beta} = \begin{bmatrix} \boldsymbol{\beta}_1^{\mathrm{T}} \\ \vdots \\ \boldsymbol{\beta}_{\tilde{N}}^{\mathrm{T}} \end{bmatrix}_{\tilde{N} \times m}, \quad \boldsymbol{T} = \begin{bmatrix} \boldsymbol{t}_1^{\mathrm{T}} \\ \vdots \\ \boldsymbol{t}_N^{\mathrm{T}} \end{bmatrix}_{N \times m}.$$

$\boldsymbol{H}$ 为神经网络的隐层输出矩阵；$\boldsymbol{\beta}$ 为输出权重，是建立误差拟合模型的重要参数；$\boldsymbol{T}$ 为期望输出，表示频率态势特征的预测结果。在极限学习机算法中，通过随机确定 w_i 和 b_i，其隐层输出矩阵 $\boldsymbol{H}$ 即被唯一确定。因此该问题可转化成一个线性系统求解问题 $\boldsymbol{H\beta} = \boldsymbol{T}$。那么输出权重 $\boldsymbol{\beta}$ 可由下式近似求得。

$$\hat{\boldsymbol{\beta}} = \boldsymbol{H}^{\dagger} \boldsymbol{T} \tag{6-15}$$

其中，$\boldsymbol{H}^{\dagger}$ 是矩阵 $\boldsymbol{H}$ 的 Moore-Penrose 广义逆，$\hat{\boldsymbol{\beta}}$ 为输出权重的近似解。

在极限学习机算法应用中，需要合理配置激活函数和神经网络隐层节点数[20]。鉴于本问题中样本分布较为均匀，因此采用最为常用的 Sigmoid 函数作为激活函数，以反映数据间的非线性特征。

通常情况下，神经网络隐层节点数量越多，模型结构越复杂，其预测精度也越高；但当系统数据噪声较大或样本数据不足时，隐层节点过多反而会导致算法对学习样本中非相关信息过分关注，而产生过拟合，导致精度下降。ELM 方法的隐层节点数以学习样本数为上限，以输入属性数量为下限。采用二分法搜索最小误差时对应的隐层节点数，以此作为算法隐层节点配置方法。

6.2.4　在线应用实施方案

所提方法对电力系统频率进行在线态势预测有如下步骤[16]：

（1）电力通信网络状态实时更新，停运、中断和异常延时事件收集；

（2）电网调控中心根据电力通信网络状态信息实时更新系统可观性矩阵；

（3）网络拓扑、发电机负荷参数离线收集，实时更新；电网潮流数据实时更新；

（4）利用发电机母线 PMU 对频率信息进行实时量测，计算频率变化率（df/dt）并上传至电网调控中心；

（5）电网调控中心根据所有发电机母线频率变化率和系统可观性矩阵对全网功率缺额 ΔP 进行计算；

（6）根据全网功率缺额估计值 ΔP、惯量中心参数及电网运行信息（扰动前），利用基于极限学习机的系统频率响应校正模型计算扰动后系统频率跌落幅值、最大幅值出现时间和恢复频率等特征。

计及频率变化率采集，通信和算法计算时间，上述步骤可在 150 ms 内完成对扰动后系统频率动态特征的预测，可为后续在线控制提供充足时间。

6.3　电网暂态频率预测效果分析

采用标准 WSCC 9 节点和 New England 39 节点系统对所提方法进行测试，并与 SFR、SVM 和 ELM 三种方法进行对比，四种方法的输入和输出如表 6-1 所示。同时，分析了通信故障对所提方法性能的影响。其中机器学习方法样本训练属于离线配置过程，不影响其在线计算速度。测试所用计算机配置为 Intel(R) Core i5-5200U、8 GB，仿真软件为 Matlab PST v3.0。

表 6-1　四种方法的输入和输出

方法	输入	输出
SFR	功率缺额	最低频率 最低频率时刻 稳态频率
SVM	功率缺额 各母线有功、无功功率	
ELM		
所提方法		

6.3.1　样本生成及评价方法

利用 Monte-Carlo 方法生成测试所需样本：为模拟电力系统不同运行工况，设置整体负荷水平服从某一区间均匀分布，取 [0.8,1.2]（标幺值，下同），同时设置所有节点注入功率服从正态分布，取值为 $N(1,0.1)$；为模拟不同扰动情况，设置系统中除平衡节点外任意节点发生不平衡功率扰动事件概率相同，扰动大小和持续时间分别服从

$[0.1,1.2]$ 的均匀分布和 $N(0.1,0.03)$ 的正态分布。基于上述方法在 WSCC 9 节点和 New England 39 节点系统中分别生成 600 和 1 080 组样本，采用"10 次 10 折交叉验证"方法进行性能测试计算，每组测试样本个数分别为 60 和 108 个。SVM 算法、ELM 算法的参数通过优化选取获得。

选用平均绝对误差（Mean Absolute Error，MAE）、平均绝对误差百分比（Mean Absolute Percentage Error，MAPE），以及回归问题性能度量常用的均方根误差（Root-Mean Squared Error，RMSE）三个指标对各方法的预测精度进行评价。

6.3.2　结果分析

（1）计算速度

通过数值仿真方法分别对 WSCC 9 节点系统和 New England 39 节点系统测试样本的频率跌落幅值、最低频率时刻以及稳态频率偏差进行计算，在仿真步长设置为 0.01 s，采用改进欧拉法时，单次仿真所需计算时间分别为 40.42 s 和 44.24 s（总仿真时间设置为 50 s），平均值分别为（0.904 Hz，5.012 s，0.552 Hz）和（0.565 Hz，5.949 s，0.233 Hz）。SFR、SVM、ELM 以及所提方法的平均计算时间分别为（3.28 ms，3.13 ms，2.20 ms，6.35 ms）和（3.61 ms，3.43 ms，2.50 ms，6.74 ms）。所提方法计算耗时略高于其他三种方法，但针对频率动态问题可以认为满足在线预测的速度要求。

（2）MAE 和 MAPE 指标分析

在 WSCC 9 节点和 New England 39 节点系统中各随机选取一组测试结果，SFR 方法与所提方法预测结果的绝对误差对比，分别如图 6-4(a) 和 (b) 所示。由图可直观看出，所提方法针对每个测试样本的预测精度均大幅领先于 SFR 方法。

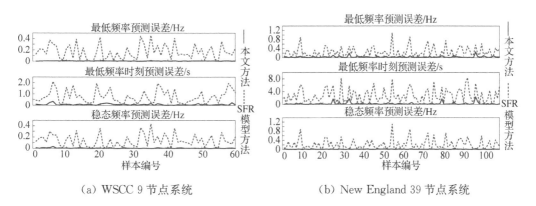

（a）WSCC 9 节点系统　　　　　　　（b）New England 39 节点系统

图 6-4　本文所提方法与 SFR 方法预测结果比较

对各方法的计算结果采用 MAE 和 MAPE 指标进行统计,如表 6-2 和表 6-3 所示。从表中针对各种方法 MAE/MAPE 指标对比看出,基于数据模型的方法(SVM、ELM 和所提方法)在电网频率特征预测中精度均远高于基于知识驱动模型的 SFR 方法。以 WSCC 9 节点系统为例,在对系统受扰后最低频率的预测中,SFR 方法误差达到了 18.58%,而数据模型方法中最差(SVM)也达到了 0.89%,计算精度有数量级的提升。而在两组算例中,提出的方法均比 SVM 和 ELM 方法具备更高精度。

表 6-2　WSCC 9 节点系统中各方法预测结果误差——MAE/MAPE

预测误差	最低频率	最低频率时刻	稳态频率
SVM	0.008 Hz/0.89%	0.085 s/1.69%	0.007 Hz/1.27%
ELM	0.006 Hz/0.66%	0.075 s/1.50%	0.008 Hz/1.45%
SFR	0.168 Hz/18.58%	0.770 s/15.36%	0.140 Hz/25.36%
所提方法	0.004 Hz/0.44%	0.075 s/1.50%	0.006 Hz/1.09%

表 6-3　New England 39 节点系统中各方法预测结果误差——MAE/MAPE

预测误差	最低频率	最低频率时刻	稳态频率
SVM	0.061 Hz/10.80%	0.438 s/7.36%	0.016 Hz/6.87%
ELM	0.054 Hz/9.56%	0.441 s/7.41%	0.015 Hz/6.44%
SFR	0.244 Hz/43.19%	2.724 s/45.79%	0.220 Hz/94.42%
所提方法	0.033 Hz/5.84%	0.262 s/4.40%	0.009 Hz/3.86%

综合对比 WSCC 9 节点和 New England 39 节点算例计算结果可以看出,当系统规模扩大时,无论是基于知识驱动的机理模型还是数据模型的方法在计算精度上均有所下降,在对系统受扰后最低频率的预测中,所提方法预测结果的精度下降了 5.4%,而 SVM、ELM 和 SFR 方法预测精度分别下降了 9.91%、8.90% 和 24.61%,可见所提方法的预测精度在分析场景复杂度增加时,精度所受影响最小。

(3) RMSE 指标分析

进一步,针对 New England 39 节点系统,对比 SVM、ELM 和所提方法结果的 RMSE 指标,如图 6-5 所示。由图可以看出,相比于 SVM、ELM 方法,所提方法的预测结果具有更高的稳定性。

(4) 样本规模影响分析

基于数据模型方法的精度依赖于样本质量和数量,而实际系统样本生成往往受到一定限制,因此需要分析各方法在不同样本情况下的精度。选取 New England 39 节点算例,对比 200、500 和 1 080 组样本下,ELM 方法和所提方法的计算结果在 MAE

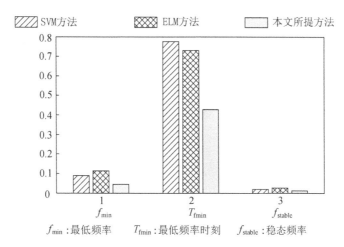

图 6 - 5　本文所提方法与 ELM 方法、SVM 方法结果比较-RMSE

指标上的差异,如表 6 - 4 所示。

表 6 - 4　不同样本规模下,ELM 方法与所提方法结果比较

样本数目	方法类型	最低频率/Hz	最低频率时刻/s	稳态频率/Hz
200	ELM	0.894	9.927	0.209
	所提方法	0.157	1.117	0.081
500	ELM	0.136	1.363	0.038
	所提方法	0.046	0.373	0.018
1 080	ELM	0.054	0.441	0.015
	所提方法	0.033	0.262	0.009

可以看出,在样本数量不足时(200 组),ELM 方法由于欠拟合,产生较大误差,结果不可信;随着样本数量的增加,精度才逐渐得以提高。而所提方法在低样本数量时精度已经超过知识驱动方法,并且大幅优于 ELM 方法,在 200 和 500 组样本时,对最低频率的预测误差分别只有 ELM 方法的 17.6% 和 33.8%。样本数量越小,所提方法优势越明显。

（5）通信网络故障场景分析

分析 New England 39 节点系统中因 PMU 设备故障导致实时频率信息无法量测的工况。在该场景下,采用通信故障点临近 PMU 设备的频率量测信息,代替进行不平衡功率的计算。并针对通信故障场景对所提方法预测结果精度的影响进行分析,如表 6 - 5 所示。

表 6 - 5 　通信故障对所提方法结果影响分析

指标	场景	最低频率	最低频率时刻	稳态频率
MAE	正常	0.033 Hz	0.262 s	0.009 Hz
	通信故障	0.043 Hz	0.295 s	0.013 Hz
MAPE	正常	5.84%	4.40%	3.86%
	通信故障	7.61%	4.95%	5.58%
RMSE	正常	0.045 Hz	0.427 s	0.012 Hz
	通信故障	0.072 Hz	0.514 s	0.021 Hz

结合表 6 - 5 可以看出,通信故障使所提方法的预测精度受到影响,预测结果的误差出现小幅增加,其中最低频率预测误差增加了 0.011 Hz/0.565 Hz(1.95%),最低频率时刻预测误差增加了 0.033 s/5.949 s(0.55%),稳态频率预测误差增加了 0.004 Hz/0.233 Hz(1.72%)。而且,在预测结果的稳定性方面,通信故障仅使 RMSE 指标发生了微小增加。因此,通信故障对所提方法预测性能的影响较小。

(6) 系统规模影响分析

将测试系统的规模进行扩展,以分析所提方法对于大规模复杂电力系统的适应性。以 NPCC 140 节点系统为例进行分析[21],采用相同的运行工况配置方法,设置发电机掉机故障,以模拟系统功率不平衡场景,共生成 3 000 组样本。NPCC 140 节点系统中,所提方法的预测性能与 SFR 方法对比,如表 6 - 6 所示。

表 6 - 6 　NPCC 140 系统中所提方法与 SFR 方法结果比较

指标	方法类型	最低频率/Hz	最低频率时刻/s	稳态频率/Hz
MAE	SFR	0.143 2	8.043 5	0.100 3
	所提方法	0.020	0.200	0.017
MAPE	SFR	37.22%	56.41%	42.08%
	所提方法	6.20%	1.40%	9.10%
RMSE	SFR	0.193 3	8.066 1	0.134 9
	所提方法	0.032	0.307	0.024

从表 6 - 6 可以看出,在 NPCC 140 节点系统中,所提方法仍能够以较高的准确度预测扰动后的系统频率特征。同时,结合前述 New England 39 节点系统中,所提方法与 SFR 在准确性方面的对比可知,在两个测试系统中,所提方法在准确性方面,相比于 SFR 模型方法,均具有数量级上的优势。因此,所提方法对于复杂性更高的系统具有较好的适应性。

6.4　本章小结

本章综合考虑知识驱动的机理模型方法与数据模型方法的特点,提出了"关键因素知识驱动模型-非关键因素数据模型"的建模方法,即在核心部分保留电力系统基本的物理特性,而在非核心部分拟合因模型简化造成的误差。进一步以频率稳定预测场景为例,验证了所提方法在预测精度和速度上的效果,仿真结果表明所提数据-知识驱动的电网暂态频率特征预测方法具有较好的计算精度和效率,且当系统规模扩大或样本数减少时,预测模型性能受到影响较小。

6.5　参考文献

[1] 薛禹胜. 综合防御由偶然故障演化为电力灾难:北美"8·14"大停电的警示[J]. 电力系统自动化,2003,27(18):1-5.

[2] 李兆伟,吴雪莲,庄侃沁,等. "9·19"锦苏直流双极闭锁事故华东电网频率特性分析及思考[J]. 电力系统自动化,2017,41(7):149-155.

[3] 王锡凡. 电力系统计算[M]. 北京:水利电力出版社,1978.

[4] Chan M L,Dunlop R D,Schweppe F. Dynamic equivalents for average system frequency behavior following major disturbances[J]. IEEE Transactions on Power Apparatus and Systems,1972(4):1637-1642.

[5] Anderson P M,Mirheydar M. A low-order system frequency response model[J]. IEEE Transactions on Power Systems,1990,5(3):720-729.

[6] 李常刚,刘玉田,张恒旭,等. 基于直流潮流的电力系统频率响应分析方法[J]. 中国电机工程学报,2009,29(34):36-41.

[7] Crevier D,Schweppe F C. The use of Laplace transforms in the simulation of power system frequency transients[J]. IEEE Transactions on Power Apparatus and Systems,1975,94(2):236-241.

[8] 刘克天,王晓茹,薄其滨. 基于广域量测的电力系统扰动后最低频率预测[J]. 中国电机工程学报,2014,34(13):2188-2195.

[9] 张东霞,苗新,刘丽平,等. 智能电网大数据技术发展研究[J]. 中国电机工程学报,2015,35(1):2-12.

[10] 薛禹胜,赖业宁. 大能源思维与大数据思维的融合(二)应用及探索[J]. 电力系统

自动化,2016,40(8):1-13.

[11] Xu Y,Dai Y,Dong Z Y,et al. Extreme learning ma-chine-based predictor for re-al-time frequency stability assessment of electric power systems[J]. Neural Computing and Applications,2013,22(3-4):501-508.

[12] Tang Y,Cui H, Wang Q. Prediction model of the power system frequency using a cross-entropy ensemble algorithm[J]. Entropy,2017,19(10):552-558.

[13] 赵俊华,董朝阳,文福拴,等. 面向能源系统的数据科学:理论、技术与展望[J]. 电力系统自动化,2017,41(4):1-11.

[14] 薛禹胜,赖业宁. 大能源思维与大数据思维的融合(一):大数据与电力大数据[J]. 电力系统自动化,2016,40(1):1-8.

[15] 汤涌. 基于响应的电力系统广域安全稳定控制[J]. 中国电机工程学报,2014,34(29):5041-5050.

[16] 王琦. 电力信息物理融合系统的负荷紧急控制理论与方法[D]. 南京:东南大学,2017.

[17] 蔡国伟,孙正龙,王雨薇,等. 基于改进频率响应模型的低频减载方案优化[J]. 电网技术,2013,37(11):3131-3136.

[18] Lu Y,Kao W S, Chen Y T. Study of applying load shedding scheme with dy-namic D-factor values of various dynamic load models to Taiwan power system [J]. IEEE Transactions on power systems,2005,20(4):1976-1984.

[19] Huang G B,Zhu Q Y, Siew C K. Extreme learning machine:theory and applica-tions[J]. Neurocomputing,2006,70(1):489-501.

[20] Huang G B. An insight into extreme learning machines:random neurons, ran-dom features and kernels[J]. Cognitive Computation,2014,6(3):376-390.

[21] Nabavi S. Measurement-based methods for model reduction,identification,and distributed optimization of power systems[D]. North Carolina State Universi-ty,2015.

第七章

数据与知识联合驱动在功角稳定性预测中的应用

由于区域电网互联、风电和太阳能等新能源电站比例增加,以及电网运行经济性要求提高,现代电网的运行越来越接近于稳定极限,电网中扰动引发严重稳定问题的可能性更大。为应对这一挑战,电网运行中需要一套更有效的方法来进行稳定性预测[1]。因此,在本章中主要对大扰动下电网的暂态功角稳定性进行研究[2]。现有的电网暂态功角稳定评估方法主要包括四类方法,具体如下:

(1) 时域仿真法

适用于大型电力系统,计算准确性高,灵活性高,但是计算耗时长[3-5]。

(2) 直接法

主要包括暂态能量函数(Transient Energy Function,TEF)法和扩展等面积准则(Extended Equal Area Criterion,EEAC)法[6-8]。其中,TEF 法避免了繁琐的积分步骤,但是在构建能量函数以及相关不稳定平衡点计算方面面临困难。EEAC 法基于模型或轨迹聚合技术,实现观察空间的降维,已在电力系统中获得应用,如何进一步提升其准确性与时效性成为现有研究中的关键问题。

(3) 轨迹拟合模型法

通过离线模拟的先验数据或扰动后相量测量单元(PMU)数据(通常为 0.2~0.4 s)构建模型并提取电力系统稳定性特征,并通过实时量测数据进行预测,为拟合模型设计合理的拟合函数是该方法的核心。在文献[9]中,以发电机功角轨迹模式库保留不同场景下发电机功角的动态特性,以在线量测数据匹配发电机功角特性,最终实现功角稳定性预测。

(4) 以人工智能技术为代表的数据驱动方法

数据驱动方法由于其能够获得输入和输出数据之间的非线性映射关系的优势,在电力系统暂态稳定评估领域大放异彩而广受关注[10]。例如,人工神经网络(ANN)[11]、决策树(DT)[12]、支持向量机器(SVM)[13]、核心向量机(CVM)[14]和极限学习机(ELM)[15-16]。这些数据驱动的暂态稳定评估方法在应用中往往忽略了电网暂态稳定问题的物理特性和电力系统样本不足的实际情况,其可靠性往往受到质疑。

电力系统中广域量测设备的逐步配置以及数据采集和处理技术的发展,促进了数据驱动的电网暂态功角预测方法的进一步发展[17]。该类方法可以基于电网发生扰动瞬间的信息实现快速预测。该类方法如果没有高质量样本的支持,将难以提取有效的先验知识,其预测准确性也会受到影响。基于轨迹拟合模型的方法,通过离线构建的发电机动态特性拟合模型,利用扰动后的电网量测数据预测电网的功角稳定性,在一定程度上能够模拟出发电机故障后的动态特性。

本章以数据驱动方法为基础,通过整合本地和调度中心的计算资源,将轨迹拟合模型方法与极限学习机方法相结合,实现了一种基于并行模式的电网暂态功角稳定评估办法,在该方法中以极限学习机对全局信息进行处理预测电网暂态功角稳定性,并以基于就地发电机功角量测信息的轨迹拟合模型方法对极限学习机结果进行选择性校验,以实现预测准确性与计算效率的平衡。

7.1 基于轨迹拟合和极限学习机的暂态稳定评估方法

在电力系统暂态稳定评估问题中,计算准确性和计算时效性通常是矛盾的,准确性的提高通常是以牺牲计算速度为代价的。因此,如何在暂态稳定评估问题中实现准确性和时效性的平衡是一个核心问题。本节在分析多机系统数学模型的基础上,分别对基于轨迹拟合(Trajectory Fitting, TF)和基于极限学习机的电网暂态功角稳定性评估方法进行了阐述,说明了两种方法的基本原理和特点。

7.1.1 多机系统的数学模型

多机电力系统的暂态稳定模型,通常以传输网络的潮流代数方程和发电机的微分方程表示,对于第 i 个发电机,其转子动力学方程可以表示如下:

$$\frac{\mathrm{d}\delta_i}{\mathrm{d}t} = \omega_i \qquad (7-1)$$

$$\frac{\mathrm{d}\omega_i}{\mathrm{d}t} = \frac{1}{M_i} \cdot (P_{mi} - P_{ei} - D_i\omega_i) \qquad (7-2)$$

式中,δ_i 是发电机功角,ω_i 是发电机转速,M_i 是发电机的转动惯量,P_{mi} 是机械功率,D_i 是系统阻尼常数,P_{ei} 是电磁功率,它可以通过以下公式确定:

$$P_{ei} = \sum_{k \in N_i} B_{ik} U_i U_k \sin(\delta_{ik}) \qquad (7-3)$$

式中,N_i 是第 i 个发电机的邻接母线组成的集合,B_{ik} 是电网简化导纳矩阵中母线 i 和

j 间的传输电纳。U_i 和 U_k 是母线 i 和 k 的电压幅值，δ_{ik} 是母线 i 和 k 之间的功角差。

从发电机转子运动方程和电磁功率计算方程可以推断出，发电机功角的变化与转子的转速有关，受惯性时间常数、机械功率、电磁功率和阻尼系数等因素的影响。在大多数情况下，考虑到暂态稳定问题的时间尺度，机械功率可视为一个常数。因此，电磁功率是影响发电机转子动态特性的重要参数，它主要受线路电纳、发电机机端电压和功角差影响。因此，故障前后电网节点电压、发电机功角、转速变化等信息可以作为影响电网暂态稳定评估的特征进行考虑。

7.1.2　基于轨迹拟合的电网暂态功角稳定性预测方法

电力系统暂态过程中的参数动态特性总是在相似的运行条件下表现出相似性，因此可以采用匹配的方式对暂态过程中电网状态参数的变化趋势进行拟合。在本章中，通过离线仿真数据中各发电机的功角轨迹数据，生成各发电机的轨迹模式数据库，并通过在线量测的发电机功角信息进行匹配预测发电机的功角稳定性。

为生成扰动后发电机的轨迹模式数据库，采用蒙特卡洛方法对电网不同故障场景进行仿真，获取各发电机的功角运动轨迹，并利用层次聚类算法对不同样本分类提取不同模式下的特征轨迹，其数学优化模型如下所示：

$$J = \min\{M\} \tag{7-4}$$
$$\text{s. t.} \quad f_{ij}(x) \leqslant e$$

式中，M 是轨迹模式数据库中的模式数目，e 为设置的描述轨迹间差异的阈值，$f_{ij}(x)$ 是第 j 个样本的轨迹与轨迹模式数据库中第 i 个标准模式特征轨迹的欧氏距离，计算如下：

$$f_{ij}(x) = \sqrt{\sum_{t=1}^{T_s} (X_{ijt} - M_{it})^2} \tag{7-5}$$

式中，T_s 是总仿真时间的长度，X_{ijt} 是 t 时刻轨迹模式数据库中第 i 个标准模式的第 j 个轨迹的值，M_{it} 是 t 时刻轨迹模式数据库第 i 个标准模式中特征轨迹的值。

对于构建的轨迹模式数据库，其中的每个特征轨迹都以电网运行信息进行标注，包括故障类型、故障位置、故障持续时间、负荷水平和初始角度。这种附加信息的标注，可以在发电机功角量测数据不可获取时，代替发电机功角量测数据作为匹配参考信息，对发电机的功角稳定特性进行预测。

当采用该轨迹拟合预测方法时，计算出发电机转子功角量测信息与轨迹模式数据库中各特征轨迹的相似度，并选择数据库中最相似的特征轨迹来预测发电机转子功角

的变化趋势,其计算公式如下所示:

$$D_i = \sqrt{\sum_{t=1}^{T_m} (x_t - M_{it})^2} \qquad (7-6)$$

式中,D_i 是相似度计算结果,T_m 是量测数据的个数,x_t 是 t 时刻的发电机功角量测数据,M_{it} 是 t 时刻轨迹模式数据库中第 i 个标准模式特征轨迹的值。

7.1.3 基于 ELM 的电网暂态功角稳定性预测方法

ELM 是一种新兴的快速单隐藏层前馈神经网络(SLF-NN)算法[18-19]。在本节中,主要对电网暂态功角稳定性预测中 ELM 评估模型的构建和应用方法进行说明。

为训练生成基于 ELM 的电网暂态稳定评估模型,首先需要确定与电网暂态稳定评估强相关的特征作为模型的输入。在本章中,以表 7-1 中相关状态变量作为初选特征,并采用 Fisher 判别法对这些特征进行初选,从而生成 ELM 电网暂态稳定评估模型所需的输入特征。

表 7-1 电网暂态功角稳定性相关的初选特征

符号	描述
P_l, Q_l	稳态下系统各线路中有功功率、无功功率传输量
$\Delta P, \Delta Q$	系统中各节点注入有功功率、无功功率的故障后 4 周波的变化量
Δw	系统中发电机转子角速度的故障后 4 周波的变化量
$\Delta \delta$	系统中各发电机转子功角的故障后 4 周波的变化量
$\Delta V, \Delta \theta$	系统中各节点电压赋值、相角的故障后 3 周波的变化量
T	系统发生的故障的类型
Δt	系统发生的故障的持续时间

基于筛选出的电网暂态稳定评估相关特征,训练生成基于 ELM 的电网暂态稳定评估模型。当基于 ELM 的电网暂态稳定评估模型在线应用时,通过分布电网各处的量测装置采集电网的全局信息,并传递至调度中心,从而对电网的暂态功角稳定性进行预测。当电网中量测或通信系统发生故障时,可以依靠 ELM 的快速训练,基于可用的电网量测信息重新训练生成基于 ELM 的电网暂态稳定评估模型作为替代。

7.2 基于全局和就地信息的电网暂态稳定性并行预测方法

基于轨迹拟合的预测方法通过每个发电机的功角轨迹趋势确定电网的暂态稳定

状态。基于 ELM 的预测方法直接从基于 PMU 的全局量测信息中,推断电网的暂态稳定状态。两种方法的特点如表 7-2 所示。

表 7-2　基于轨迹拟合和 ELM 的暂态稳定评估方法特点

方法类型	计算时间	准确性	数据种类	通信故障影响	数据来源
基于 TF 的暂态稳定评估	较快	很高	单一	有一定影响	就地
基于 ELM 的暂态稳定评估	很快	较高	海量	影响较大	全局

由表 7-2 可以看出,基于 ELM 的方法考虑到其大规模数据处理,因此适合于调度中心和数据处理中心集中计算。而基于轨迹拟合的方法可以在本地使用区域计算资源来实现。此外,基于轨迹拟合的方法由于需要较长时间的量测数据,因此其计算速度相对基于 ELM 的方法较慢。但是在准确性上,基于轨迹拟合的方法在数据库样本足够丰富的情况下,将优于基于 ELM 的方法。因此,考虑到基于轨迹拟合的方法和基于 ELM 的方法在计算速度和准确性上的互补性,二者存在协调应用的可行性。

考虑到基于 ELM 的方法在样本处于分类边界时,其预测的结果通常具有较高的不确定性。因此,通过对基于 ELM 的预测方法校验和修正,可以降低误分类的风险[20]。考虑到轨迹拟合方法在准确性方面的优势,可采用该方法对基于 ELM 的暂态功角稳定预测模型的结果进行校验和修正[21]。

7.2.1　电网暂态稳定预测的并行模型

鉴于轨迹拟合和 ELM 方法的互补优势,提出了一种用于暂态稳定预测的并行模型,其结构如图 7-1 所示。该并行模型通过中心计算资源与本地计算资源的协调,实现了基于 ELM 和基于轨迹拟合的预测方法的并行计算。在全局信息处理阶段,电网调度或数据中心站负责采集全网信息,并为基于 ELM 的预测方法提供输入。在就地信息处理阶段,基于轨迹拟合的预测方法通过采集本地的发电机转子功角信息,通过本地的发电机轨迹模式数据库匹配,预测发电机的功角稳定性。

图 7-1 展示了基于并行模型的暂态稳定预测方法的实施框架。该预测方法能够通过本地站实现的结果验证过程,以提高中心站基于 ELM 的方法的准确性。此外,为保证在线实施效果,对全局和就地量测信息无法获取的通信故障场景也进行了考虑。

（1）正常场景

在正常情况下,中心站采集电网的全局量测信息作为基于 ELM 的预测方法的输入,而本地站采集发电机的转子功角信息作为基于轨迹拟合方法方法的输入。由于信

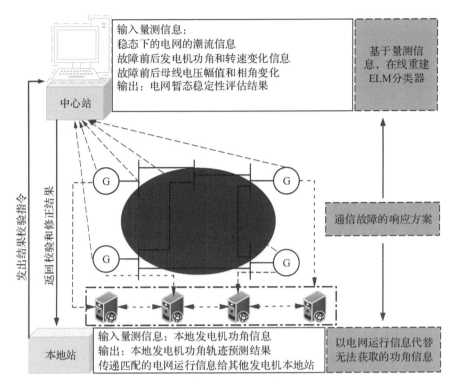

图 7-1 并行暂态稳定预测模型的实施架构

息需求与计算配置均不相同,这两种方法可以同时进行电网暂态功角稳定性的预测。

基于 ELM 的电网暂态稳定预测方法在面临一些边界样本时,可能存在预测困难和错误的问题。因此,基于 ELM 的训练和测试情况,设置 ELM 的输出值的参考阈值,以划分可信区间和不可信区间。参考阈值的设定方法如下所示:

$$C_E = \min\{A_{Mis}, A_{Cor}\} + |A_{Cor} - A_{Mis}| \cdot a \qquad (7-7)$$

式中,C_E 是参考阈值,A_{Mis} 和 A_{Cor} 分别是预测结果错误和正确场景下 ELM 方法的输出结果,a 为预先设置的参考权重值。当 C_E 值确定后,如果 A_{Mis} 不大于 A_{Cor},则不可信区间为 $[0, C_E]$,否则,不可信区间为 $(C_E, +\infty)$。

若基于 ELM 的暂态稳定预测方法,其输出值属于不可信区间,则将启动验证过程,这意味着将对中心站的预测结果与本地基于轨迹拟合方法的预测结果进行校对。对各发电机本地预测结果综合分析后,作为最终结果用于预测电网的暂态稳定性。

(2)通信故障场景

在线的暂态稳定预测对数据量测和传输的要求很高,在极端条件下,中心站和本地站可能无法及时获取 PMU 的量测数据。当本地的发电机功角信息无法获取时,则通过电网中发电机间的信息交互,获取由其他发电机提供的电网运行信息,从而避免本地基于轨迹拟合的暂态功角稳定预测方法失效。当中心站无法获取基于 ELM 的暂态稳定预测方法所需的电网特征信息时,可以利用已获得的 PMU 量测数据信息,重新构建基于 ELM 的电网暂态稳定预测模型。

就地或全局信息无法获取情况下,响应策略总结如下:

(1) 如果本地站未能获得本地发电机的转子功角信息,则从附近(电气距离近)发电机共享的预测结果中推断出电网运行信息,并将该运行信息用作搜索标签,通过附加信息在轨迹模式数据库中匹配相应的功角响应轨迹。其中,电网运行信息包括故障类型、故障位置、故障持续时间、负荷水平和初始角度。

(2) 如果中心站无法获得基于 ELM 的暂态稳定评估方法所需的全局信息,则可通过本地站的预测结果来代替预测电网功角稳定性。同时,利用已获取的 PMU 量测数据,构建新的适用于该场景的 ELM 暂态稳定评估模型。

其中,ELM 暂态稳定评估模型的重建过程包含三个步骤:① 通过获取的量测信息来修改知识库;② 实施特征选择过程以确定构建模型所需的输入特征;③ 激活初始训练过程以重建基于 ELM 的分类器。

7.2.2　电网暂态稳定性并行预测方法的实施流程

暂态稳定性并行预测方法的实施流程如图 7-2 所示,具体步骤如下:

步骤 1:检测到发生扰动,则开始预测程序。

步骤 2:判断基于 ELM 的暂态稳定预测方法输入信息是否完备。如果所需信息不足,则采取措施刷新样本数据库,重新筛选特征并重新训练基于 ELM 的稳定分类器。

步骤 3:根据 ELM 的输出值判断是否需要进一步校验结果。如果需要进行校验过程,则转到步骤 4,否则转到步骤 6。

步骤 4:与步骤 2 同时执行基于轨迹拟合的暂态稳定预测方法。如果本地发电机转子功角量测信息缺失,则将发电机间共享的电网运行信息作为备用信息,进行发电机转子功角轨迹匹配,否则输入本地发电机功角量测信息。

步骤 5:如果基于轨迹拟合和基于 ELM 的预测方法的结果存在冲突,则将基于轨迹拟合的方法的预测结果识别为最终预测结果。

步骤 6:将基于 ELM 的预测方法的预测结果识别为最终预测结果。

步骤 7:预测程序结束,然后转到下一轮。

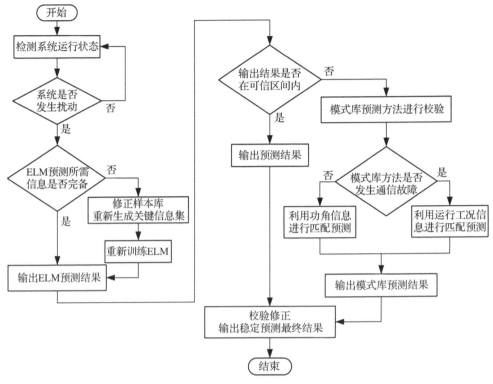

图 7 - 2　暂态稳定性并行预测方法的实施流程

7.3　电网暂态稳定性评估效果分析

在 10 机 39 节点系统中，对所提的暂态功角稳定性并行预测方法进行了测试。对于轨迹拟合方法，假定 PMU 测量以 20 ms 为采样周期，持续采集 200 ms，从而获取 10 组数据进行预测。基于 ELM 的方法，其初始特征以表 7 - 1 进行选取。

7.3.1　样本生成方法

基于 Matlab PST v3.0 软件，采用蒙特卡罗方法创建样本，假设电力系统运行中的部分关键参数遵循一定的概率分布，包括：母线负荷服从 80％～110％平均分布，母线注入功率服从期望值为 1、标准差为 3％的正态分布。在样本生成中，主要考虑了五类故障，包括三相短路故障、单相接地故障、双相接地故障、单相接地故障和负荷无故障断开。假设故障持续时间服从期望值为 0.1、标准差为 0.01 的正态分布。

该样本生成方法是在 Intel Core i5-5200U 和 4 GB 高速缓存的计算机中进行的。在样本生成过程中，每次模拟消耗约为 8 s，共生成约 10 000 组样本，其中 90％样本用于构建发电机功角轨迹模式数据库和训练基于 ELM 的稳定分类器,其余 10% 样本用于测试。

7.3.2　基于轨迹拟合的暂态稳定预测方法实施效果

对于基于轨迹拟合的暂态稳定预测方法,其预测精度与构建功角轨迹模式库的误差阈值设置有关。表 7－3 总结了不同误差阈值设置情况下基于轨迹拟合方法的预测准确性指标。

表 7－3　基于轨迹拟合方法的预测精度与误差阈值的关系

误差阈值	数据库中的典型样本数目	计算时间/s	误分类情况 $[A,B]$
120	79	0.047 4	$[48,0]$
50	140	0.040 2	$[1,0]$
5	2 968	0.350 2	$[0,0]$

注:A 表示被误判为不稳定的稳定样本的数量,B 表示被误判为稳定的不稳定样本的数量。用于测试的不稳定样本总数为 168。

当误差阈值设置为 50 和 5 时,几乎不会发生误分类,具有较好的预测效果。进一步针对误差阈值设置为 50 和 5 的情况,对通信故障场景下轨迹拟合方法的效果进行测试,结果表明,当误差阈值设置为 5 时,基于轨迹拟合的方法在通信故障场景下,其性能仍然可靠,并且不会出现误分类的情况。在误差阈值设置为 50 的情况下,错误分类的样本数量急剧增加到 26,而且主要是将不稳定案例误判为稳定案例。为了保证在通信故障场景下预测可靠性,将误差阈值确定为 5,从而进一步验证所提并行预测方法的实施效果。

7.3.3　基于 ELM 的暂态稳定预测方法实施效果

(1)特征提取

利用改进 Fisher 判别方法,对选取的初选特征进行筛选,各特征与暂态功角稳定性的相关性如图 7－3 所示。

从图 7－3 中可以看出,具有高重要度的特征主要集中于电压和功角变化相关的特征。其余特征在数值上显示出相似大小的影响程度值,这表明这些特征对分类准确性的影响是有限的。因此,根据这些重要性指标值,选择 100 个重要特征作为 ELM 分类器的输入;其余特征保留,并作为通信故障情况下的备用特征,用于训练备用的 ELM 分类器。

(2)隐层节点数确定

在训练生成 ELM 分类器的过程中,隐层节点数是确定网络参数的关键指标。为

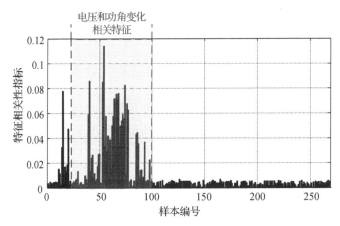

图 7-3　各特征的重要度大小比较示意图

确定 ELM 分类器的隐层节点数,采用"十折十交叉"方式,测试不同隐层节点数下 ELM 分类器的性能。ELM 分类器预测准确性,随隐层节点数的变化趋势如图 7-4 所示。在图 7-4 中,预测精度显示出先上升后下降的趋势,即存在最优数目的隐藏神经元,它在预测精度上表现最佳。

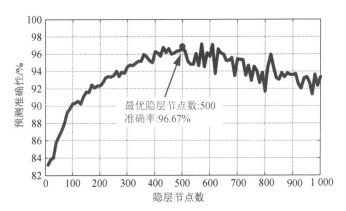

图 7-4　预测准确性随隐层节点数的变化关系

因此,在这种情况下,用于分类器构建的最佳隐藏神经元数设置为 500,预测精度可以达到 96.67%。训练时间和计算时间分别为 1.281 3 s 和 0.039 1 s。

(3) 通信故障下性能分析

基于 ELM 的分类器,其输入可分为 6 部分,包括故障前后发电机功角变化、发电机转速变化、电压幅度和相角变化、注入功率变化、线路潮流和故障持续时间。在表 7-4 中,测试并总结了针对各类输入特征因通信故障场景无法获取时,重新训练的 ELM 分类器的应用效果。

表 7-4　不同特征集丢失后对预测准确性的影响

丢失的样本特征	分类准确性/%
无丢失	96.67
发电机功角变化	93.43
发电机转速变化	93.54
节点电压幅度和相角变化	85.89
节点注入功率变化	94.82
线路潮流变化	94.52
故障持续时间	93.68

从表 7-4 中可以看出,电压幅值和相角变化特征的丢失引起的准确性下降最严重,这对应于图 7-3 中的重要程度评估指标分布。发电机功角和转速变化特征对分类准确性显示出相对重要的影响。因此,如果电压幅值和相角变化的特征集中发生量测失效时,将产生严重的负面影响。

（4）准确性分析

对 ELM 分类器预测正确和预测错误的样本进行统计分析,如图 7-5 所示,可以看出 ELM 输出值与预测准确或预测错误场景的相关关系。在错误分类的样本中,ELM 输出值集中在 0～0.8 的范围内,并且大多数在 0～0.5 的范围内,这为筛选具有不确定预测结果的样本提供了一种可能。

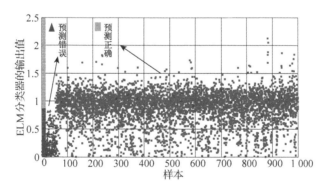

图 7-5　ELM 分类器输出值与预测准确或错误的关系示意图

7.3.4　并行预测方法的实施效果

分别在基于轨迹拟合,基于 ELM 和并行预测的方法上,测试了 1 000 组样本。此外,还与基于支持向量机（Support Vector Machine,SVM）的预测方法效果进行比较,比较结果如表 7-5 所示。

表 7 - 5　不同预测方法结果比较

方法类型		计算时间期望值/s	预测准确性/%
SVM		0.195	92.5
轨迹拟合方法		0.843	100
ELM		0.0413	94.1
并行方法	[0,0.8]	0.342	100
	[0,0.5]	0.184	99.1

注:[0,0.8]和[0,0.5]表示 ELM 输出值的不可信区域。预期的计算时间是通过多次模拟计算得出的。

从表 7-5 中可以看出,与基于 SVM 的方法相比,基于 ELM 的方法在计算时间成本和预测准确性方面表现出更好的性能。并行预测方法结合了基于轨迹拟合和基于 ELM 的预测方法的优势,其预测可疑区域设置为[0,0.8]时,预测结果准确率达到 100%。与基于轨迹拟合的预测方法相比,预期的计算时间减少了,并且由于校验过程的影响,与基于 ELM 的预测方法相比,预测精度明显提高。当不可信区域设置为[0,0.8]时,校验过程被激活 355 次。当不可信区域设置为[0,0.5]时,激活次数减少到 169。

所提并行预测方法的详细预测结果总结在表 7-6 中。结果表明,当可疑区域设置为[0,0.5]时,误分类样本增加到 9,这比可疑区域为[0,0.8]时的情况要差。

表 7 - 6　预测结果分析

实际结果	不可信区域 [0,0.8]		不可信区域 [0,0.5]	
	预测结果		预测结果	
	稳定	不稳定	稳定	不稳定
稳定	832	0	831	1
不稳定	0	168	8	160

在通信故障情况下,假设本地功角量测信息无法获取,并且电网中只有一台发电机的功角数据能获取。对于调度中心站,假定丢失了 50% 的选定重要特征,并用候选特征代替。在此情况下,所提并行预测方法的性能记录在表 7-7 和表 7-8 中。

表 7 - 7　量测失效场景下混合预测方法的性能

不可信区域	计算时间期望值/s	预测准确性/%
[0,0.8]	0.374	99.6
[0,0.5]	0.210	98.9

结合表 7-7 和表 7-8 可以推断,由于通信故障的影响,并行预测方法的性能在

计算时间和预测精度上都变得稍差。

　　表7－7表明,当不可信区域设置为[0,0.8]时,使用基于轨迹拟合的方法校验基于 ELM 的方法的预测结果共 393 次,并校正其中的 53 个样本结果,但是仍存在 4 个误分类样本。同时,当不可信区域设置为[0,0.5]时,基于轨迹拟合的方法进行的校验和修正过程分别达到 200 次和 52 次。发生误分类的样本数增加到 11,这比可疑区域为[0,0.8]时的情况差。

表7－8　预测结果分析

实际结果	不可信区域 [0,0.8]		不可信区域 [0,0.5]	
	预测结果		预测结果	
	稳定	不稳定	稳定	不稳定
稳定	831	1	830	2
不稳定	3	165	9	159

7.3.5　在线实施效果分析

　　在本节中,对所提出的并行预测方法在线实施过程进行说明。如图7－6所示,以三个不稳定的场景为例。场景 1 是基于 ELM 的方法预测的,输出值为 1.0251。另外,在场景 2 和场景 3 中,基于轨迹拟合的方法均被用于校验基于 ELM 的方法的结果。场景 2 和场景 3 的区别在于,场景 3 中基于轨迹拟合的方法修改了基于 ELM 的方法的预测结果。

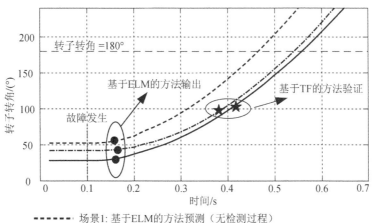

- ------ 场景1: 基于ELM的方法预测（无检测过程）
- ----- 场景2: 基于TF的方法对ELM分类器输出进行验证,不做任何改变
- —— 场景3: 基于TF的方法验证ELM分类器输出并修改结果

图7－6　三种典型样本的在线实施过程

从图 7-6 中可以看出,所提出的并行预测方法能够预测发生暂态失稳的样本,所需的计算时间在无需校验的情况下不到 0.1 s,而在需要轨迹拟合方法校验的场景下,计算时间大约为 0.4～0.6 s。在实际使用中,还可以通过其他高性能计算技术来进一步减少计算时间。

7.4　本章小结

本章提出了一个基于全局和就地信息的电网暂态功角稳定并行预测方法,该方法在计算资源配置和计算结果生成过程中,实现了基于轨迹拟合方法和基于 ELM 的预测方法之间的协调。在应用过程中,分别为基于轨迹拟合和基于 ELM 的预测方法分配本地和中心站的计算资源。当 ELM 预测结果属于不可信区间时,最终的预测结果通过基于轨迹拟合的校验过程进行判断。另外,还考虑了通信故障的场景,并为此制定了响应方案。测试结果表明,所提的并行预测方法具有较好的计算效率、预测准确性和可靠性。

7.5　参考文献

[1] Eichler R,Heyde C O, Stottok B O. Composite approach for the early detection, assessment and visualization of the risk of instability in the control of smart transmission grids [M]//Real-Time Stability in Power Systems. Switerland: Springer,Cham,2014:97-122.

[2] Kundur P,Paserba J,Ajjarapu V,et al. Definition and classification of power system stability IEEE/CIGRE joint task force on stability terms and definitions[J]. IEEE transactions on Power Systems,2004,19(3):1387-1401.

[3] Liu C W, Thorp J S. New methods for computing power system dynamic response for real-time transient stability prediction[J]. IEEE Transactions on Circuits and Systems I:Fundamental Theory and Applications,2000,47(3):324-337.

[4] Milano F. Semi-implicit formulation of differential-algebraic equations for transient stability analysis[J]. IEEE Transactions on Power Systems,2016,31(6):1-10.

[5] Wang S,Lu S,Zhou N,et al. Dynamic-feature extraction,attribution,and reconstruction (DEAR) method for power system model reduction[J]. IEEE Transactions on Power Systems,2014,29(5):2049-2059.

［6］Chow J H,Chakrabortty A,Arcak M,et al. Synchronized phasor data based energy function analysis of dominant power transfer paths in large power systems［J］. IEEE Transactions on Power Systems,2007,22(2):727 - 734.

［7］Jahromi M Z, Kouhsari S M. A novel recursive approach for real-time transient stability assessment based on corrected kinetic energy［J］. Applied Soft Computing,2016,48:660 - 671.

［8］Bhui P, Senroy N. Real time prediction and control of transient stability using transient energy function［J］. IEEE Transactions on Power Systems,2017,32(2):923 - 934.

［9］Liu X D,Li Y,Liu Z J,et al. A novel fast transient stability prediction method based on pmu［C］//2009 IEEE Power & Energy Society General Meeting. IEEE,2009:1 - 5.

［10］Mori H. State-of-the-art overview on data mining in power systems［C］//Power Systems Conference and Exposition (PSCE). IEEE,2006:33 - 34.

［11］Voumvoulakis E M, Hatziargyriou N D. A particle swarm optimization method for power system dynamic security control［J］. IEEE Transactions on Power Systems,2010,25(2):1032 - 1041.

［12］Amraee T, Ranjbar S. Transient instability prediction using decision tree technique［J］. IEEE Transactions on Power Systems,2013,28(3):3028 - 3037.

［13］Rashidi M, Farjah E. LEs based framework for transient instability prediction and mitigation using PMU data［J］. IET Generation, Transmission & Distribution,2016,10(14):3431 - 3440.

［14］Wang B,Fang B,Wang Y,et al. Power system transient stability assessment based on big data and the core vector machine［J］. IEEE Transactions on Smart Grid,2016,7(5):2561 - 2570.

［15］Xu Y,Dong Z Y,Meng K,et al. Real-time transient stability assessment model using extreme learning machine［J］. IET Generation, Transmission & Distribution,2011,5(3):314 - 322.

［16］Zhang R,Xu Y,Dong Z Y,et al. Post-disturbance transient stability assessment of power systems by a self-adaptive intelligent system［J］. IET Generation, Transmission & Distribution,2015,9(3):296 - 305.

［17］Strasser T,Andrén F,Kathan J,et al. A review of architectures and concepts for intelligence in future electric energy systems[J]. IEEE Transactions on Industrial Electronics,2015,62(4):2424 - 2438.

[18] Huang G B,Zhu Q Y, Siew C K. Extreme learning machine:theory and applications[J]. Neurocomputing,2006,70(1):489 - 501.

[19] Huang G B. An insight into extreme learning machines:random neurons,random features and kernels[J]. Cognitive Computation,2014,6(3):376 - 390.

[20] Xu Y,Dong Z Y,Meng K,et al. Real-time transient stability assessment model using extreme learning machine[J]. IET Generation,Transmission & Distribution,2011,5(3):314 - 322.

[21] Liu X D,Li Y,Liu Z J,et al. A novel fast transient stability prediction method based on pmu[C]//2009 IEEE Power & Energy Society General Meeting. IEEE,2009:1 - 5.

第八章

数据与知识联合驱动在功角稳定裕度分析中的应用

临界切除时间(Critical Clearing Time,CCT)是用于评估功角暂态稳定裕度的重要指标之一,表示系统可承受的最大故障持续时间。在实际运行中,CCT通常根据预设的典型故障进行离线或半在线分析,并将结果记录在决策表中[1-2]。目前,电网故障下临界切除时间的计算方法主要分为五类,包括时域仿真(Time Domain Simulation,TDS)方法、暂态能量函数(Transient Energy Function,TEF)方法[3-4]、等面积准则(Equal Area Criterion,EAC)相关方法[5-7]、轨迹凸凹度(Trajectory Convexity and Concavity,TCC)方法[8]和新兴机器学习(Machine Learning,ML)方法[9-11]。其中,前四种方法的实施依赖于电力系统分析模型,而ML方法则基于数据关系挖掘。因此,前四种方法和ML方法可以划分为知识驱动方法与数据驱动方法。

TEF和EAC相关方法是计算CCT的主要方法。一方面,这些方法可以提供明确的稳定性判别准则,以提高计算结果合理性[12];另一方面,可以利用灵敏度分析技术通过分析暂态能量函数来确定CCT与电网状态量之间的简单关系,有助于对相似场景下的CCT快速估算[13-14]。然而,这些直接方法通常基于简化的电力系统模型,可能导致较大的计算误差。文献[15]研究并说明了发电机模型对CCT结果的影响。文献[16]将扩展的EAC(EEAC)与完整的TDS方法相结合来解决模型适应性问题,从而提高了准确性,但却牺牲了计算效率。在文献[17]和文献[24]中,利用详细的发电机模型改进了Lyapunov函数,而确定稳定裕度所需的计算量较大,在实际电力系统中的实用性存疑。因此,在应用这些模型驱动的方法进行在线CCT预测时,有必要在计算精度和速度之间进行权衡。

与知识驱动方法相比,数据驱动方法在CCT的计算速度上具有明显优势。但是,直接使用数据驱动方法计算CCT,仅在部分故障场景下有效[18-19]。在文献[20]中,将偏互信息和迭代随机森林(Iterative Random Forest,IRF)集成以估计故障后的CCT。但在新的故障场景下,需要重新生成样本来训练新的IRF模型。在文献[21]中,采用改进的k-NN模型实现了CCT快速预测,其输入特征由基于最小绝对收缩和选择算法(Least Absolute Shrinkage and Selection Operator,LASSO)的逻辑回归模型选择。

该方法的本质是通过相似性比较压缩数据库并匹配结果,因此需要大容量存储空间来存储历史数据。在文献[22]和文献[23]中,采用极限学习机(Extreme Learning Machine,ELM)算法进行CCT预测,同时为了增强对电力系统运行变化的适应性,引入了集成学习框架来构造多个ELM学习器。这些数据驱动的方法表现出强大的拟合能力,而其预测准确率上限通常取决于样本的数量和质量。在实际电网运行中,一方面,电网的运行方式在不断发生变化,数据方法生成的计算模型应当随电网的发展而更新;另一方面,当CCT越小时,电网的故障情况就越严重,对于计算精度的要求就越高,而数据方法在训练过程中没有考虑不同场景容错性的差异,可能导致在严重故障场景下,CCT的计算结果具有较大误差。

在本章中,提出了一种临界切除时间预测方法,该方法以ELM构建误差校正模型,实现了对基于经典发电机模型的集成扩展等面积准则(Integrated Extended Equal Area Criterion,IEEAC)计算准确性的提升。其重点在于,在构建ELM误差校正模型的过程中,考虑了电网不同场景下CCT预测误差容忍度的差异,以及电网运行变化对数据方法性能的影响,提出了一种考虑代价敏感和样本迁移的集成ELM模型训练方法。

8.1 考虑样本迁移的电网临界切除时间预测框架

考虑样本迁移的电网临界切除时间预测框架,如图8-1所示。该框架主要包含两部分功能,首先是采用样本迁移方法解决样本不足和历史样本失效的问题,主要用于从历史样本库中选择有效样本,并在电网运行方式变化后用于扩充新的样本库,从而进行数据模型的更新。其次是以预测-校正的方式解决临界切除时间预测问题,主要通过以数据方法校正知识驱动的机理模型的预测误差,从而在保证计算效率的同时提高准确性。

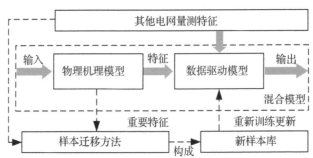

图8-1 考虑样本迁移的临界切除时间预测模型框架

8.1.1　基于压缩-匹配策略的样本迁移方法

在本章所提的样本迁移方法中,采用压缩-匹配的策略来实现样本迁移。在压缩步骤中,利用聚类算法对目标域的样本进行归类,并生成代表各类的典型样本集。在匹配步骤中,通过计算源域中样本与目标域中典型样本间的相似度指标,选取源域中相似度指标较大的样本去扩充目标域的样本规模,其实施流程如图 8-2 所示。

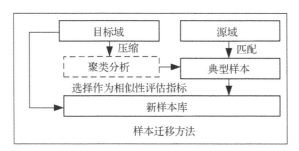

图 8-2　样本迁移方法实施流程示意图

假定源域中的 $X_s = \{x_{s1}, x_{s2}, \cdots, x_{sN}\}$ 和目标域中的 $X_t = \{x_{t1}, x_{t2}, \cdots, x_{tN}\}$ 的样本具有 N 个特征,将聚类分析应用于目标域样本集,从而可以生成目标域的典型样本数据库。通过比较源域中样本与目标域中典型样本数据之间的相似度指标,采用按序排列的方式对源域中的样本进行选取。对于目标域聚类分析的过程,可以用如下的无约束优化模型描述[24]。

$$J = \min \frac{1}{k} \sum_{i=1}^{k} \max_{j \neq i} \left(\frac{\text{avg}(P_i) + \text{avg}(P_j)}{d_{\text{cen}}(P_i, P_j)} \right) \tag{8-1}$$

式中,P_i 和 P_j 分别是总的 k 类群中的第 i 类和第 j 类。$\text{avg}(P_i)$ 和 $d_{\text{cen}}(P_i, P_j)$ 由以下公式确定:

$$\text{avg}(P_i) = \frac{2}{|P_i|(|P_i| - 1)} \sum_{1 \leqslant m < n \leqslant |P_i|} \text{dist}(P_{i,m}, P_{i,n})$$

$$d_{\text{cen}}(P_i, P_j) = \text{dist}(\mu_i, \mu_j)$$

$$\text{dist}(x, y) = \sqrt{\sum_{t=1}^{N} (x_t - y_t)^2} \tag{8-2}$$

式中,$|P_i|$ 是类 P_i 的样本数。$\text{avg}(P_i)$ 表示类 P_i 内样本间的平均距离,其中 $P_{i,m}$ 和 $P_{i,n}$ 为类 P_i 中的第 m 和 n 个样本。$d_{\text{cen}}(P_i, P_j)$ 表示类 P_i 和 P_j 之间的距离,其中 μ_i 和 μ_j 分别是类集 P_i 和 P_j 的样本代表。$\text{dist}(x, y)$ 表示样本 x 和 y 之间的欧式距离。N 是样本特征的维度,t 是每个特征对应的序列号。

如果目标域中的样本分类为 k，则目标域中将有 k 个典型样本，分别用 $\mu_1, \mu_2, \cdots,$ μ_k 表示。从而可以将源域中的样本与目标域中的典型样本——比较。相似度可以通过下式，基于向量距离来进行量化：

$$V_i^s = \text{dist}(X_s, \mu_i) \tag{8-3}$$

式中，V_i^s 表示源域中的样本 s 与目标域中的第 i 个典型样本之间的相似性。通过计算源域中的样本 s 与目标域中所有典型样本之间的相似度，可以用下式定义源域中的样本 s 与目标域间的相似性指数。

$$V^s = \min\{V_1^s, V_2^s, \cdots, V_k^s\} \tag{8-4}$$

当基于相似度索引 V 评估源域中的所有样本后，就可以根据该索引对源域中的样本进行排序和选择，从而扩大目标域的样本规模。

8.1.2 基于预测-校正框架的临界切除时间预测方法

在电力系统的在线暂态稳定评估问题中，计算速度与计算精度都至关重要。因此，在该应用场景中，选用了预测-校正的方式将数据与知识驱动方法结合。在该方法中，以机理模型保持与电网暂态功角稳定性强相关的因素，以数据驱动模型拟合校正机理模型中因模型简化造成的预测误差。具体方法构建过程如图 8-3 所示。

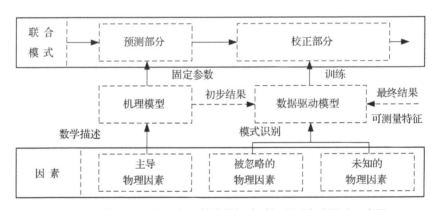

图 8-3 基于预测-校正框架的临界切除时间预测方法构建示意图

可以看出，在知识驱动的机理模型方法构建中主要对主导的物理因素进行了考虑，而忽略了另外两类物理因素的影响。而在联合模式下，将预测部分与校正部分联合，其中预测部分基于机理模型，而校正部分基于数据驱动模型，以此三种物理因素均能够在预测过程中发挥作用。在本章的临界切除时间预测方法中，将机理模型的预测结果用作机理模型与数据驱动模型之间的接口。因此，机理模型的预测结果与其他电网的量测信息作为特征一起输入数据驱动模型处理,并以实际临界切除时间计算结果为目标输出。

8.2　基于 IEEAC 和改进 ELM 的临界切除时间预测方法

近年来,IEEAC 在实际电力系统中获得了广泛应用。因此,常选择 IEEAC 方法作为临界切除时间预测的机理模型方法。该方法在计算 CCT 时通常基于经典的发电机模型,其计算结果与基于详细发电机模型的方法相比存在简化误差。因此,可以采用数据驱动模型来校正这种简化误差,具体构建和应用过程如图 8-4 所示。

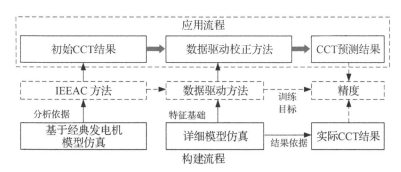

图 8-4　用于临界切除时间预测的混合模型构建和应用流程示意图

从图 8-4 中可以看出,IEEAC 方法作为机理模型,为数据驱动模型提供初始 CCT 结果。在联合应用中,IEEAC 方法的工作流程仍然完全保留,从而保持了与功角稳定性相关的关键因素。误差校正部分由数据驱动模型实现,它以初始 CCT 结果和基于详细模型仿真所提供的电网状态特征为输入,用于校正 IEEAC 方法因模型简化引起的计算误差。在本方法实施中,ELM 被用作数据驱动方法。在应用过程中,希望通过校正部分来提高 CCT 预测的精度,并且由于数据方法计算的快速性,该联合预测方法计算速度几乎与 IEEAC 方法一样快。

8.2.1　集成扩展等面积准则(IEEAC)

IEEAC 的核心是通过仿真轨迹聚合来减少稳定分析观察空间的维数。具体而言,它通过互补集群惯性中心和相对运动(CCCOI-RM)变换,将完整的电力系统的轨迹投影到一个单机无穷大(OMIB)系统上,然后在 OMIB 上应用等面积准则(EAC)分析系统稳定性。它具有以下两个主要步骤:

(1) 通过 CCCOI 转换,将多维稳定性分析空间 $\mathbf{R}^n$ 等效为双机系统组成的空间 $\mathbf{R}^2$,在轨迹聚合过程中,根据发电机的同调信息,将发电机分为两个群,即超前群 S 和

滞后群 A。然后,可以使用以下公式对各发电机的功角、电磁和机械功率进行聚合:

$$\delta_S = \sum_{i \in S} M_i \delta_i \bigg/ \sum_{i \in S} M_i = \sum_{i \in S} M_i \delta_i / M_S$$

$$\delta_A = \sum_{j \in A} M_j \delta_j \bigg/ \sum_{j \in A} M_j = \sum_{j \in A} M_j \delta_j / M_A$$

$$P_{mA} = \sum_{j \in A} P_{mj}$$

$$P_{mS} = \sum_{i \in S} P_{mi}$$

$$P_{eS} = \sum_{i \in S} P_{ei}$$

$$P_{eA} = \sum_{j \in A} P_{ei}$$

$$M_S = \sum_{i \in S} M_i$$

$$M_A = \sum_{j \in A} M_j \tag{8-5}$$

式中, M_i 和 δ_i 分别是发电机 i 的惯性常数和功角, P_{mi} 和 P_{ei} 分别是发电机 i 的机械和电磁功率, δ_S 和 δ_A 是等效的 S 发电机群和 A 发电机群功角, P_{mS} 和 P_{mA} 是等效的 S 发电机群和 A 发电机群机械功率, P_{eS} 和 P_{eA} 是等效的 S 发电机群和 A 发电机群电磁功率。

(2) 通过 RM 变换,将等效的双机系统 $\mathbf{R}^2$ 转化为单机无穷大系统(One Machine and Infinite Bus,OMIB),发电机等效功角、等效电磁功率和机械功率可以通过如下公式计算得出:

$$\delta_{eq} = \delta_S - \delta_A$$

$$M_T = \sum_{k=1}^{n} M_k$$

$$P_{meq} = M_T^{-1}(M_A P_{mS} - M_S P_{mA})$$

$$P_{eeq} = M_T^{-1}(M_A P_{eS} - M_S P_{eA}) \tag{8-6}$$

式中, δ_{eq} , P_{meq} 和 P_{eeq} 分别是 OMIB 系统的等效功角、等效机械功率和电磁功率。基于构建的 OMIB 系统,即可采用等面积准则对系统的稳定性进行分析。

8.2.2 基于遗传算法的集成 ELM 模型

基于 ELM 模型构建的原理,常规的 ELM 算法可以以如下的优化模型表达[25]:

$$\min \quad f = \frac{1}{2} \| \beta \|^2 + \frac{M}{2} \sum_{i=1}^{N} \varepsilon_i^2$$

$$\text{s. t.} \quad h(x_i)\beta = t_i - \varepsilon_i \quad i = 1, 2, \cdots, N \tag{8-7}$$

式中，ε_i 是样本 i 的训练误差，M 是训练误差部分的权重值。

显然从优化模型的形式可以看出，该模型优化目标是最小数输出权重矩阵与训练误差的总和，其中对于训练误差每个样本具有相同的权重。而在 CCT 预测研究中，具有较小 CCT 值的故障相对于具有较大 CCT 值的故障具有更严重的后果。因此，当 CCT 较大时，可以有机会制定策略和采取措施来改善或消除风险。

因此，期望在实际 CCT 值较小的场景下的训练误差更低，而在实际 CCT 值较大的场景下，放宽计算精度的要求。此外，对 ELM 模型训练目标或约束条件的修改，将会影响 ELM 模型的属性。因此，通过引入不同的模型设置条件可以构建出不同的 ELM 模型，从而可以构建基于 ELM 的集成学习方法，使其具有更好的泛化性能。因此，在本章中，通过修改训练目标和约束，来引导 ELM 模型的训练过程。改进后的 ELM 优化模型具有如下的形式：

$$\min \quad f = \frac{1}{2}\|\beta\|^2 + \frac{M}{2}\sum_{i=1}^{N}\varepsilon_i/t_i^2$$
$$\text{s. t.} \quad h(x_i)\beta = y_i - \varepsilon_i$$
$$\varepsilon_i > 0 \quad \text{or} \quad \varepsilon_i < 0 \tag{8-8}$$

当约束中的 ε_i 设置为大于 0 时，该模型可以看作是保守模型；反之，则可以被看作是激进的模型。为组合这些不同的 ELM 模型，采用遗传算法（Genetic Algorithm，GA）给不同的 ELM 模型分配权重，从而实现不同 ELM 模型的集成。

基于改进后的 ELM 模型和 GA 算法，可以构建基于 GA 的多 ELM 组合模型，称为 GA-mELM 模型。实施过程主要包括 2 个步骤：① 基于训练样本，对具有不同模型约束 $C(\varepsilon_i)$ 的 ELM 模型进行训练；② 以最小误差率为目标，应用 GA 算法为不同的 ELM 模型分配权重。

8.2.3　临界切除时间预测方法具体实施方案

图 8-5 给出了所提临界切除时间预测方法的具体实施方案。

在 ELM 误差校正模型的离线构建中，首先基于详细模型仿真和基于经典发电机模型的 IEEAC 方法来生成初始运行模式下的训练样本。当运行方式发生变化时，通过所提的样本迁移方法，依据目标域中少量的样本来确定源域中的有效样本，以扩大目标域的样本规模。基于此，可以避免耗时且重复的样本收集和生成流程。

在线应用部分中，完全保留了现有的暂态稳定性分析策略。电网运行信息每

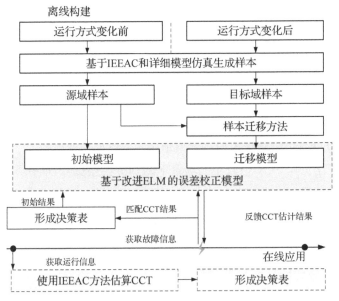

图 8 - 5 考虑运行方式变化的 CCT 预测方法的实施方案

15 min 通过 SCADA 系统进行更新。在此基础上,采用基于经典发电机模型的 IEEAC 方法对预想故障集进行稳定分析,计算相关故障的临界切除时间并存入决策表中。当电网中发生故障时,通过 PMU 量测的故障信息匹配决策表中的故障特征,输出 CCT 的估计值,并进一步结合电网故障信息,采用基于改进 ELM 的误差校正模型给出最终的 CCT 预测结果。在实际应用中,基于改进 ELM 的误差校正模型的输入信息包括:决策表输出的初始 CCT 结果,故障前发电机的有功和无功输出,故障发生时发电机母线电压幅值和相角的变化。

从实施方案可以看出,电网现有的暂态稳定评估策略不受影响,唯一的工作是收集样本并训练误差校正模型。因此,该方法在线应用时无需繁杂的改造。在本章中,分析的样本是通过详细模型仿真生成的。如果有可用的实际样本,也可以用实际的电力系统实际样本替换。

8.3 结果分析

基于 WSCC 9 节点和 New England 39 节点系统,对所提方法的效果进行了测试。使用配置有 Intel Core i5-6200U 的 CPU、16 GB 内存和 Matlab PST v3.0 软件的计算机进行仿真[26]。在仿真设置中,设置各母线负荷水平在[0.8,1.2]范围内随机波动,以带有励磁系统的六阶发电机模型作为详细发电机模型,以经典发电机模型作为简化的发电机模型。故障形式设置为线路两端随机的三相短路故障,并设定故障远端保护动作时间比故障近端的保护动作时间长 0.01 s。基于此,分别生成了 800 个 WSCC 9 节点系统样本,1 500 个 New England 39 节点系统样本和 3 000 个 16 机 68 母线系统样本。采用"十折十交叉"的方式,对所提方法的效果进行验证。

8.3.1　正常运行方式下临界切除时间方法性能分析

（1）基于常规 ELM 误差校正模型

在本节中对基于 IEEAC 和常规 ELM 模型的临界切除时间方法的预测效果进行了测试,并将其与仅使用 IEEAC 方法和仅使用 ELM 方法进行了比较。其中,仅 IEEAC 方法是指基于经典发电机模型的 IEEAC 方法;仅 ELM 方法的输入为:故障前发电机的有功和无功输出,故障发生时发电机母线电压幅值和相角的变化。

图 8-6 给出了 WSCC 9 节点系统中所提方法与仅 IEEAC 方法结果的比较,从图中可以明显看出所提方法具有较好的准确性。其中,仅 IEEAC 方法的误差主要来自发电机模型的简化,其预测误差较大,也没有明显的波动规律。

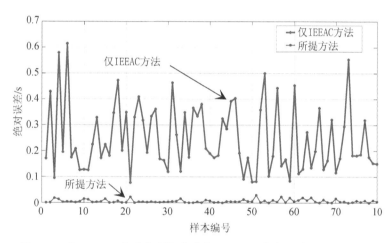

图 8-6　仅 IEEAC 方法和所提方法在 WSCC 9 节点系统中的结果比较

在 New England 39 节点测试系统中,进一步对所提方法的效果进行了验证,它与仅 IEEAC 方法准确性指标的对比如表 8-1 所示。

表 8-1　所提方法与仅 IEEAC 方法在 New England 39 节点系统中的准确性比较

方法类型	MAE/s	MAPE/%	RMSE/s	R^2
仅 IEEAC 方法	0.078 7	16.55	0.124 7	0.512 5
所提方法	0.020 9	4.93	0.034 2	0.962 8

从图 8-6 和表 8-1 的结果比较可以看出,所提方法相对于仅 IEEAC 方法在准

确性方面具有较大的优势,由此可以推断出,仅 IEEAC 方法中由模型简化引起的误差可以由基于 ELM 的误差校正模型减小。

（2）基于改进 ELM 误差校正模型

以上结果表明,当所提联合方法采用常规 ELM 模型时性能良好。但是实际上,在某些场景下,其计算精度较差。例如,表 8-2 给出了不同 CCT 区间中,所提方法的准确性指标。根据表 8-2 和图 8-7,可知 CCT 实际值较小的场景下,CCT 预测准确率指标明显低于 CCT 实际值较大的情况。因此,有必要对 ELM 模型进行改进,提高实际 CCT 值较小场景下预测结果的准确性。

表 8-2   不同样本集下所提方法的准确性指标(基于常规 ELM)

CCT 区间	CCT<0.3	0.3≤CCT<0.5	0.5≤CCT<0.8	CCT≥0.8
样本数量	26	49	68	7
MAE/s	0.022 3	0.016 7	0.019 4	0.041 8
MAPE/%	10.67	4.03	3.22	4.46

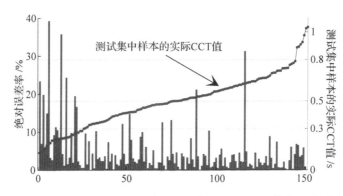

图 8-7   绝对误差率与样本实际 CCT 值的关系示意图(WSCC 39 节点系统-常规 ELM 模型)

通过修改 ELM 模型中训练目标和约束条件对 ELM 模型进行改进,将改进 ELM 模型中具有正误差约束的模型称为 P-ELM,将改进 ELM 模型中具有负误差约束的模型称为 N-ELM,最后通过 GA 以预测结果绝对误差率最低为目标,构建基于 GA 的集成 ELM 模型,即改进的 ELM 模型,用于对 IEEAC 方法的误差校正。

表 8-3 总结了所提方法在基于常规 ELM 模型和改进 ELM 模型下的预测效果,结果表明,所提方法在改进的 ELM 误差校正模型下具有明显的整体性能优势。

表 8-3　New England 39 节点系统中所提方法在常规 ELM 和改进 ELM 模型下的效果比较

方法类型	MAE/s	MAPE/%	RMSE/s	R^2
所提方法-基于常规 ELM 模型	0.020 9	4.93	0.034 2	0.962 8
所提方法-基于改进 ELM 模型	0.014 7	3.30	0.027 5	0.978 8

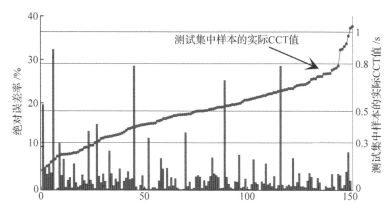

图 8-8　绝对误差率与样本实际 CCT 值的关系示意图(New England 39 节点系统-改进 ELM 模型)

在图 8-8 中,根据实际测试样本结果,给出了基于改进 ELM 模型下所提方法预测绝对误差率与实际样本 CCT 值之间的关系。通过比较图 8-7 和图 8-8 可以推断出,尽管在某些实际 CCT 值较小的场景下,基于改进 ELM 模型的所提方法预测绝对误差率较高,但是相比于基于常规 ELM 模型的所提方法的预测绝对误差率有明显降低,说明了改进的效果较好。进一步对基于改进 ELM 模型的所提方法在各 CCT 区间的样本集中的性能进行分析。

表 8-4　不同样本集下所提方法的准确性指标(基于改进 ELM)

CCT 区间	CCT<0.3	0.3≤CCT<0.5	0.5≤CCT<0.8	CCT≥0.8
MAE/s	0.010 2	0.012 9	0.015 7	0.033 1
MAPE/%	5.06	3.25	2.65	3.41

通过比较表 8-2 和表 8-4 可以得出如下结论:采用改进 ELM 模型的所提方法对临界切除时间的精度完全优于采用常规 ELM 模型的所提方法。图 8-9 比较了 ELM 模型改进前后所提方法预测误差分布的变化情况。

在图 8-9 中,可以看出,采用改进 ELM 模型的所提方法的预测误差更多地集中在[-0.02,0.02]范围内,这大大优于基于常规 ELM 模型的所提方法所获得的结果,证明改进 ELM 模型的效果较好。

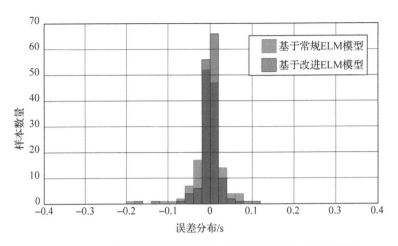

图 8-9　ELM 模型改进前后所提方法预测误差分布对比示意图

8.3.2　运行方式变化时临界切除时间方法性能分析

当运行方式发生变化时,需要采用所提的样本迁移方法,利用运行方式变化前的样本集去扩充运行方式变化后的样本集,从而提高数据驱动模型应对电网运行方式变化的能力。

在本节中以 New England 39 节点系统的默认拓扑和发电机配置为基本运行方式,而通过移除母线 26 处的负荷、移除 26-29 传输线路来变更电网的运行方式,基于蒙特卡洛方法,生成 1 500 组基本运行方式下的样本,生成 135 组运行方式变化后的样本。

首先分别基于常规 ELM 模型和改进 ELM 模型,对样本迁移方法的效果进行说明,以样本迁移方法选取 900 组基本运行方式下的样本去扩充运行方式变化后的样本集,测试结果如表 8-5 所示。其中,直接样本融合指将所有基本运行方式下的样本用于扩充运行方式变化后的样本集,结果表明,经过样本迁移方法后,所提临界切除时间预测方法能够更好地拟合预测结合,其拟合优度指标明显优于直接样本融合。

表 8-5　样本迁移方法与直接样本融合方法应用效果比较

方法类型		MAE/s	MAPE/%	RMSE/s	R^2
直接样本融合		0.033 8	5.87	0.054 1	0.887 9
样本迁移方法	基于常规 ELM 模型	0.030 5	5.95	0.044 1	0.925 3
	基于改进 ELM 模型	0.028 8	4.32	0.055 0	0.883 8

同样从表 8-5 中可以看出,基于常规 ELM 模型和基于改进 ELM 模型的预测方

法具有相似的性能,其中基于常规 ELM 模型的预测方法具有较好的拟合优度,而基于改进 ELM 模型的预测方法具有更低的误差率指标。进一步,对不同 CCT 区间样本集中基于两种模型的预测方法的性能进行比较,如表 8-6 所示。

表 8-6　不同 CCT 区间样本集中基于常规 ELM 和改进 ELM 模型的性能

CCT 区间		CCT<0.45	0.45≤CCT<0.65	0.65≤CCT
样本数量		11	16	8
基于常规 ELM 模型	MAPE/%	9.14	4.82	4.24
	RMSE/s	0.050 7	0.040 2	0.042 3
基于改进 ELM 模型	MAPE/%	2.45	3.40	7.87
	RMSE/s	0.013 6	0.035 8	0.094 6

从表 8-6 中对比的结果可以看出,基于改进 ELM 模型的预测方法在实际 CCT 值较低的样本集中具有明显的准确性优势,而其在实际 CCT 值较大的样本集中效果较差,从而导致其拟合优度指标处于劣势。而在实际电网暂态稳定评估场景中,更关注于 CCT 值较小的场景下预测结果的准确性,因此,基于改进 ELM 模型的预测方法仍然具有一定的作用。

8.4　本章小结

本章在预测-校正框架下提出了一种临界切除时间快速预测方法,该方法以基于经典发电机模型的 IEEAC 方法和 ELM 方法为基础,通过 ELM 方法实现对 IEEAC 方法的误差校正。该方法同时还考虑了电网运行方式变化的影响,以及临界切除时间预测场景中对预测准确性要求的差异性,提出了样本迁移的实现方法以及 ELM 模型的改进方法。最后,仿真结果验证了所提临界切除时间预测方法的性能,并说明了样本迁移和改进 ELM 模型的有效性。

8.5　参考文献

[1] Xue Y, Chen Y. Emergency control by using on-line refreshed decision tables and uncertain knowledge on model effects[J]. IFAC Proceedings Volumes, 1995, 28(26): 373-378.

[2] Lou X, Zhang J, Guo C, et al. Framework design and software implementation of

whole process risk coordination control for power system[C]//2019 IEEE Power & Energy Society General Meeting (PESGM). IEEE,2019:1 - 5.

[3] Younis M R, Iravani R. Structure preserving energy function including the synchronous generator magnetic saturation and sub-transient models[J]. IET Generation,Transmission & Distribution,2017,11(11):2822 - 2830.

[4] Alaraifi S M,Elmoursi M S, Djouadi S M. Individual functions method for power system transient stability assessment[J]. IEEE Transactions on Power Systems, 2019,35(2):1264 - 1273.

[5] Xue Y. Integrated extended equal area criterion-theory and application[C]// Proc. 5th Symp. Specialists in Electric Operational and Expansion Planning. IEEE,1996:1 - 6.

[6] Tao Q,Xue Y, Li C. Transient stability analysis of ac/dc system considering electromagnetic transient model[C]//2019 IEEE Innovative Smart Grid Technologies-Asia (ISGT Asia). IEEE,2019:313 - 317.

[7] Sobbouhi A R, Vahedi A. Online synchronous generator out-of-step prediction by electrical power curve fitting[J]. IET Generation,Transmission & Distribution,2020,14(7):1169 - 1176.

[8] Su F,Zhang B,Yang S,et al. Power system first-swing transient stability detection based on trajectory performance of phase-plane[C]//2016 IEEE PES Asia-Pacific Power and Energy Engineering Conference (APPEEC). IEEE,2016:2448 - 2451.

[9] Hu W,Lu Z,Wu S,et al. Real-time transient stability assessment in power system based on improved SVM[J]. Journal of Modern Power Systems and Clean Energy,2019,7(1):26 - 37.

[10] Lv J. Transient stability assessment in large-scale power systems based on the sparse single index model [J]. Electric Power Systems Research, 2020, 184:106291.

[11] Ren C,Xu Y, Zhang Y. Post-disturbance transient stability assessment of power systems towards optimal accuracy-speed tradeoff[J]. Protection and Control of Modern Power Systems,2018,3(1):19.

[12] Kyesswa M,Cakmak H. K,Gröll L,et al. A hybrid analysis approach for transient stability assessment in power systems[C]//2019 IEEE Milan PowerTech. IEEE,2019:1 - 6.

［13］ Vittal V,Zhou E Z,Hwang C,et al. Derivation of stability limits using analytical sensitivity of the transient energy margin［J］. IEEE Transactions on Power Systems,1989,4(4):1363 - 1372.

［14］ Roberts L G W,Champneys A R,Bell K R W,et al. Analytical approximations of critical clearing time for parametric analysis of power system transient stability［J］. IEEE Journal on Emerging and Selected Topics in Circuits and Systems, 2015,5(3):465 - 476.

［15］ Bhui P，Senroy N. Real-time prediction and control of transient stability using transient energy function［J］. IEEE Transactions on Power Systems,2016,32 (2):923 - 934.

［16］ Xue Y. Fast analysis of stability using EEAC and simulation technologies［C］// 1998 International Conference on Power System Technology. Proceedings (Cat. No. 98EX151). IEEE,2002:12 - 16.

［17］ Younis M R，ravani R. Structure preserving energy function including the synchronous generator magnetic saturation and sub-transient models［J］. IET Generation,Transmission & Distribution,2017,11(11):2822 - 2830.

［18］ Sharifian A，Sharifian S. A new power system transient stability assessment method based on Type-2 fuzzy neural network estimation［J］. International Journal of Electrical Power & Energy Systems,2015,64:71 - 87.

［19］ Liu X,Min Y,Chen L,et al. Data-driven transient stability assessment based on kernel regression and distance metric learning［J］. Journal of Modern Power Systems and Clean Energy,2020:1 - 10.

［20］ Liu S,Liu L,Fan Y,et al. An integrated scheme for online dynamic security assessment based on partial mutual information and iterated random forest［J］. IEEE Transactions on Smart Grid,2020,11(4):3606 - 3619.

［21］ Shi D,Tian F,Li T,et al. Study on quick judgment of power system stability using improved k-NN and LASSO method［J］. The Journal of Engineering,2019, 16:686 - 689.

［22］ Sulistiawati I B,Priyadi A,Qudsi O A,et al. Critical clearing time prediction within various loads for transient stability assessment by means of the extreme learning machine method［J］. International Journal of Electrical Power & Energy Systems,2016,77:345 - 352.

［23］ Chen Z,Han X,Fan C,et al. Prediction of critical clearing time for transient stability based on ensemble extreme learning machine regression model［C］//2019 IEEE Innovative Smart Grid Technologies-Asia (ISGT Asia). IEEE,2019:3601 - 3606.

［24］ Kanungo T, Mount D M,Netanyahu N S,et al. An efficient k-means clustering algorithm:Analysis and implementation［J］. IEEE transactions on pattern analysis and machine intelligence,2002,24(7):881 - 892.

［25］ Huang G B,Zhu Q Y, Siew C K. Extreme learning machine:theory and applications［J］. Neurocomputing,2006,70:1 - 3.

［26］ Chow J H,Cheung K W. A toolbox for power system dynamics and control engineering education and research［J］. IEEE transactions on Power Systems,1992,7(4):1559 - 1564.

第九章

数据与知识联合驱动在对抗攻击防御中的应用

以"碳达峰、碳中和"为目标发展的新型电力中,接入的新能源和电力电子设备规模急剧扩大。然而新能源出力的不确定性、电力电子设备的非线性,以及可控设备数量的爆发式增长,使电力系统分析难度和控制策略复杂度极大提高[1-2]。传统基于模型的分析和控制方法可能出现维度灾、不连续可微函数不可解等问题,逐渐难以满足新环境下的需求。因此,已有研究尝试采用基于数据驱动的方法,通过离线学习与在线应用,对海量数据实现实时高效处理。然而由于算法设计的客观原因,数据驱动算法亦会引入全新的安全风险[3-4]。

针对数据驱动控制策略的一类典型攻击方式为对抗攻击,攻击者在策略应用阶段可通过在原始数据中叠加精心设计的微小扰动构造对抗样本,从而改变模型的输出结果[5-6]。数据驱动控制策略遭受对抗攻击输出错误结果的本质在于模型可解释性不足及分类边界模糊,攻击者可利用数据驱动模型中存在的漏洞构造攻击向量,从而误导其输出错误结果[7-8]。

除了数据驱动算法自身的安全问题,当前电力系统中接入大量分布式物联网终端设备也提高了数据驱动算法遭受攻击的可能性[9]。电力系统新的网络环境使原有基于专用网络和协议的信息安全防护方法无法完全适应当前网络攻击防御需求。攻击者利用电力信息物理耦合特性,向系统中注入攻击向量,针对基于数据驱动的控制策略进行攻击。相比于传统物理攻击,针对数据驱动控制策略的对抗攻击的隐蔽性更强,可能造成更严重的后果。

已有的针对电力系统网络攻击的防御方法研究通常从提高信息系统防护能力出发,保障内部数据不被泄露以及终端设备不被攻击者劫持和破坏[10-12],或者从异常检测出发,针对不同类型攻击研究相应的态势感知或坏数据检测方法[13-15]。然而针对电力系统中对抗攻击的防御方法研究较少,并且暂无研究从增强数据驱动模型可解释性的角度提升其鲁棒性,从而提高数据驱动控制策略防御对抗攻击的能力。

本章从漏洞挖掘和提高模型鲁棒性两个方面,对数据驱动控制策略可能遭受的对抗攻击进行防御。基于 GAN 对数据驱动控制策略进行训练,通过攻防双方的博弈,修复数据驱动控制策略中潜在的漏洞。将数据驱动模型和知识驱动模型结合,构造数据-知识融合模型,从而利用知识驱动模型的可解释性提高融合模型的鲁棒性。本方法创新性在于:① 考虑对抗攻击可能造成的影响,提出了控制策略在对抗攻击下的鲁棒性判别指标,并且提出了基于 GAN 的漏洞挖掘方法,可有效提高数据驱动模型在对抗攻击下的鲁棒性;② 针对数据驱动模型可解释性较差的缺陷,提出了数据-知识融合模型,利用知识驱动模型的可解释性提高融合模型的鲁棒性,使其在输入含有攻击向量的数据时仍然能够输出正确结果。

9.1 基于生成对抗网络的漏洞挖掘方法

为了加强数据驱动控制策略防御对抗攻击的能力,除了从数据角度提高攻击向量的辨识能力,还需要从控制策略自身挖掘其中潜在的漏洞,从而提高其在对抗攻击下的鲁棒性。因此,本章提出了控制策略在对抗攻击下的鲁棒性量化评估指标,针对鲁棒性较差的数据驱动控制策略,通过 GAN 对其漏洞进行挖掘,从而提高其在对抗攻击下输出结果的准确率。

9.1.1 控制策略在对抗攻击下的鲁棒性量化评估指标

在控制策略的设计阶段,需要考虑对抗攻击对其输出结果的影响。因此,为了量化评估控制策略防御对抗攻击的能力,本章提出了一种判别指标 σ 来表征其在攻击下的鲁棒性。在对抗攻击中,攻击者通过构造攻击向量使输入数据中存在一定扰动,从而使攻击目标控制策略的输出结果偏离正常值。因此,可通过在输入数据中叠加随机扰动,并统计扰动对输出结果的影响,如式(9-1)所示,从而间接地表征控制策略在对抗攻击下的鲁棒性。

$$\sigma = \frac{1}{N} \sum_{x_i \in x} \text{sort} \left(\frac{\| f(x_i) - f(x_i + \Delta_i) \|_2}{(\max(f) - \min(f)) e^{|\Delta_i/(\max(x_i) - \min(x_i))|}} \right) \quad (9-1)$$

其中 sort($\cdot$)为由大到小排序,采集排序后前 N 个样本。Δ_i 为针对样本 i 中某一个特征的随机扰动,$\max(f)$ 和 $\min(f)$ 分别为控制策略输出结果的最大值和最小值,$\max(x)$ 和 $\min(x)$ 分别为各样本输入数据中的最大值和最小值。通过 $|\Delta_i/(\max(x_i) - \min(x_i))|$ 和 $\| f(x_i) - f(x_i + \Delta_i) \|_2/(\max(f) - \min(f))$ 可将攻击向量及其对攻击目标控制策略输出结果的影响进行归一化,$e^{|\Delta_i/(\max(x_i) - \min(x_i))|}$ 使该指标更关注小扰动造成的影响。

针对每个样本随机选取一个特征并在一定范围内生成随机扰动,计算输出结果偏移量相对于扰动的大小并对所有样本进行排序,选取前 N 个计算平均值,从而求得 σ。σ 在区间 $(0,1)$ 之间,越接近 0 则代表该控制策略在对抗攻击下的鲁棒性越强。利用该指标可以量化控制策略防御对抗攻击的能力,从而指导控制策略中的漏洞挖掘,构造高可靠性的控制策略。

9.1.2　控制策略中的漏洞挖掘方法

针对鲁棒性评估结果较差的数据驱动控制策略,本章采用 GAN,通过将攻击向量生成方法加入数据驱动控制策略的训练迭代过程中,其原理如图 9‑1 所示,从而加强其防御对抗攻击的能力。利用生成器生成含有攻击向量的样本数据 $x' = G(x)$,将该数据输入数据驱动控制策略后的计算结果为 $y' = f(x')$。训练目标为使攻击向量生成器造成的影响尽可能大,并且使数据驱动控制策略遭受攻击的影响尽可能小。通过攻击向量生成器与数据驱动控制策略之间的博弈,提高其防御对抗攻击的能力。

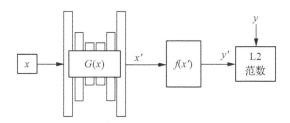

图 9‑1　基于 GAN 的漏洞挖掘方法

对于攻击向量生成器,为了简化建模,并且提高数据驱动控制策略防御对抗攻击的泛化性能,本章不对对抗攻击的攻击资源进行限制。攻击向量生成器的输入为样本特征 x,输出为叠加了攻击向量的样本特征 x'。训练目标为在限制攻击向量幅值的前提下,使其对攻击目标造成的影响尽可能大,因此构造生成器的损失函数如下:

$$L_G = \min E[-\log \| y - f(G(x)) \|_2^2] \tag{9-2}$$

其中 $\| y - f(G(x)) \|_2$ 为计算数据驱动控制策略遭受攻击后的输出结果与样本目标值之间的差距。

对于数据驱动控制策略,其训练目标为使其针对正常样本数据和含有攻击向量的样本数据同时具有较高准确率,因此构造其损失函数如下:

$$L_f = \min \{\lambda_1 E[\| y - f(x') \|_2^2] + \lambda_2 E[\| y - f(x) \|_2^2]\} \tag{9-3}$$

$$\begin{cases} \lambda_1 \geqslant 0, \\ \lambda_2 \leqslant 0, \\ \lambda_1 + \lambda_2 = 1 \end{cases} \tag{9-4}$$

通常情况下,提高数据驱动控制策略针对含有攻击向量的样本数据的准确率会导致其针对正常样本数据的准确率降低。为了避免数据驱动控制策略对含有攻击向量的样本数据过拟合,需要设置常系数λ_1和λ_2来平衡针对含有攻击向量的样本数据和正常样本数据的训练效果。通过对攻击向量生成器和数据驱动控制策略进行迭代训练,可挖掘并修复数据驱动控制策略中隐藏的漏洞,提高其在对抗攻击下的鲁棒性。

9.2 基于数据-知识联合的对抗攻击防御方法

针对对抗攻击进行防御,除了从数据角度对攻击向量进行辨识,以及从算法边界角度对漏洞进行挖掘,还需要从提高数据驱动控制策略自身可解释性的角度加强其抵御对抗攻击的能力。为了减小或消除对抗攻击对于数据驱动控制策略的影响,需要其对于存在攻击向量的输入数据仍然具有较高的鲁棒性,即输入正常数据的输出结果与输入异常数据的输出结果之间的距离小于ε:

$$\| f(x) - f(x+r) \|_2 < \varepsilon \qquad (9-5)$$

其中$f(\cdot)$为控制策略,x为输入数据,r为攻击向量中的扰动。因此,为了实现该防御目标,本章提出了一种基于数据-知识的融合方法,使其同时具有两种方法的优势。融合方法利用物理系统的基本规律和先验知识,对输入数据驱动控制策略的数据进行修正和补充,从而使整体融合模型具有一定的可解释性,利用知识驱动方法的强鲁棒性提高数据驱动方法的鲁棒性,使其在部分对抗攻击下仍然能够输出正确结果。

9.2.1 数据-知识融合模型

设输入控制策略的n维数据$\boldsymbol{x} = [x_1, x_2, \cdots, x_n]^{\mathrm{T}} \in \mathbf{R}^n$满足某概率密度函数$D_0(x)$的分布。定义控制策略的输出结果为$y \in \mathbf{R}$,它与输入数据的映射关系为$f:\mathbf{R}^n \to \mathbf{R}$,满足$y = f(x)$。知识驱动模型可被描述为$y = g(x)$,数据驱动模型可被描述为$y = h(x)$。融合模型将知识驱动模型和数据驱动模型通过串联的方式进行连接,即输入数据输入知识驱动模型进行处理,将电力系统物理特性耦合到输入数据中后再输入数据驱动模型,从而减小攻击向量对控制策略输出结果的影响。因此,融合模型可被描述为$y = h(x \oplus g(x))$,结构如图$9-2$所示,其中运算符$\oplus$将知识驱动模型$g(x)$的结果归一化后映射到与输入数据x相同的维度并叠加到x上。

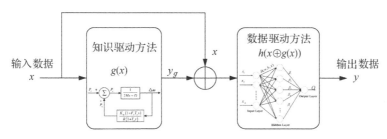

图 9 - 2　数据-知识融合模型结构

令 $H(x)=h(x\oplus g(x))$，当 $g(x)$ 仅为线性模型时，$H(x)=h(x)$，融合模型 $H(x)$ 的特性与数据驱动模型相同。而当 $h(x)$ 仅有全连接层时，$H(x)=g(x)$，融合模型 $H(x)$ 的特性与知识驱动模型相同。因此，可通过改变知识驱动模型和数据驱动模型的相对复杂程度，使融合模型的特性偏向于知识驱动模型或数据驱动模型。

9.2.2　融合模型的防御能力分析

为了体现基于数据-知识融合模型的控制策略在防御对抗攻击方面的优势，需要从理论上针对融合模型和数据驱动模型进行对比。本章利用平方损失函数描述对抗攻击对控制策略输出结果造成的影响，并且推导出在满足以下条件时基于数据-知识融合模型的控制策略抗攻击能力优于基于数据驱动模型的控制策略：数据-知识融合模型的特性偏向于知识驱动模型，或者数据-知识融合模型的特性偏向于数据驱动模型时，知识驱动部分具有较高鲁棒性。为了简化分析对比过程，需要做出如下假设：

假设 1：电力系统中所研究的问题 $y(x)$ 可分为 3 种模式：单调递增、单调递减、非单调。其中非单调问题可根据极点进行分段，将其划分为多个单调递增和单调递减问题，单调递减问题可通过乘上 -1 转换为单调递增问题，并且输出结果可通过加上常数 C 使其恒大于 0。因此，为了简化分析过程，假设 $y(x) \geqslant 0$ 且单调递增。因此数据驱动模型和知识驱动模型的输出结果也恒为正，即 $h(x) \geqslant 0$ 并且 $g(x) \geqslant 0$。

假设 2：假设数据驱动模型 $h(x)$、知识驱动模型 $g(x)$、融合模型 $H(x)$ 均在样本 i 的输入数据 x_i 附近连续并且存在一阶导数。因此，可对 $h(x)$、$g(x)$、$H(x)$ 在 x_i 处进行泰勒展开，如下所示：

$$h(x) \approx h(x_i) + h'(x_i)(x - x_i) \tag{9-6}$$

$$g(x) \approx g(x_i) + g'(x_i)(x - x_i) \tag{9-7}$$

$$H(x) \approx h(\widetilde{x_i}) + h'(\widetilde{x_i})(1 + g'(x_i))(x - x_i) \tag{9-8}$$

$$\widetilde{x_i} = x_i \oplus g(x_i) \tag{9-9}$$

假设3：为了分别分析数据驱动模型$h(x)$和知识驱动模型$g(x)$对融合模型$H(x)$防御对抗攻击能力的影响，需要对融合模型进行解耦。因此，假设存在α和β使$H(x)$满足下式：

$$H(x)=\alpha h(x)+\beta g(x) \tag{9-10}$$

将式(9-6)和式(9-7)代入式(9-10)中，并进一步对融合模型$H(x)$进行展开：

$$H(x)=\alpha h(x_i)+\beta g(x_i)+(\alpha h'(x_i)+\beta g'(x_i))(x-x_i) \tag{9-11}$$

因此，基于式(9-8)和式(9-11)，可以推导出α和β满足以下条件时即可使式(9-10)成立：

$$\begin{cases} \alpha h(x_i)+\beta g(x_i)=h(\widetilde{x_i}), \\ \alpha h'(x_i)+\beta g'(x_i)=h'(\widetilde{x_i})(1+g'(x_i)) \end{cases} \tag{9-12}$$

通过求解该方程组，可求得α和β：

$$\begin{cases} \alpha=\dfrac{h'(\widetilde{x_i})(1+g'(x_i))g(x_i)-h(\widetilde{x_i})g'(x_i)}{h'(x_i)g(x_i)-h(x_i)g'(x_i)}\in(0,1), \\ \beta=\dfrac{h'(x_i)h(\widetilde{x_i})-h'(\widetilde{x_i})(1+g'(x_i))h(x_i)}{h'(x_i)g(x_i)-h(x_i)g'(x_i)}\in(0,1) \end{cases} \tag{9-13}$$

α与β之间存在一定数量关系，即存在系数t，使$\beta=t\alpha$。

$$t=\dfrac{h'(x_i)h(\widetilde{x_i})-h'(\widetilde{x_i})(1+g'(x_i))h(x_i)}{h'(\widetilde{x_i})(1+g'(x_i))g(x_i)-h(\widetilde{x_i})g'(x_i)} \tag{9-14}$$

当$\alpha=1,\beta=0$时，$H(x)=h(x)$，融合模型$H(x)$的特性与数据驱动模型$h(x)$相同。当$\alpha=0,\beta=1$时，$H(x)=g(x)$，融合模型$H(x)$的特性与知识驱动模型$g(x)$相同。

融合模型$H(x)$的训练目标为求解最优模型参数，使其输出结果与目标值之间的差距最小：

$$\min E[(y-H(x))^2]=\min E[(y-\alpha h-\beta g)^2] \tag{9-15}$$

其中$E[\cdot]$用于求期望。训练完成后，融合模型$H(x)$中的数据驱动部分输出结果h受系数β影响，因此假设存在系数γ，使h满足：

$$h=\gamma(y-\beta g) \tag{9-16}$$

假设4：若存在对抗攻击，叠加到输入数据中的攻击向量为Δ。攻击对基于融合方法的控制策略输出结果产生影响,使其偏离正常值,将该影响定义为 Z。假设对抗攻击期望达到的目标为通过注入攻击向量使 $y(x)+Z>y(x)$,然而攻击资源有限,无法使控制策略的输出结果偏离过大,因此通常存在 $\varepsilon\in(0,l)$ 使 $Z=\varepsilon y(x)$,其中 l 为攻击击造成的影响上限。因此,在对抗攻击下,数据驱动部分的输出结果可描述为:

$$h(x+\Delta)=\gamma(y(x)+Z-\beta g(x+\Delta)) \tag{9-17}$$

则 γ 满足下式:

$$\gamma=\frac{h(x+\Delta)}{y(x)-\beta g(x+\Delta)+Z} \tag{9-18}$$

在基于数据-知识融合方法的控制策略中,由于知识驱动部分的输出结果 $g(x)$ 与融合模型的输出目标值 $y(x)$ 之间具有一定关系,因此假设存在 k 使其满足下式:

$$k(x)=\frac{y(x)}{g(x)} \tag{9-19}$$

$$k(x+\Delta)=\frac{y(x)}{g(x+\Delta)} \tag{9-20}$$

基于以上假设,在同等条件下对数据-知识融合模型和数据驱动模型在对抗攻击下的鲁棒性进行对比。本章采用平方损失函数计算对抗攻击造成的影响,其描述如下:

$$\begin{aligned}M_0 &=E_{x\sim D_0}\big[(y(x)-H(x+\Delta))^2\big]\\ &=\int (y(x)-H(x+\Delta))^2 D_0(x)\mathrm{d}x\end{aligned} \tag{9-21}$$

将式(9-10)代入式(9-21),可得:

$$M_0=E_{x\sim D_0}\big[(y(x)-\alpha h(x+\Delta)-\beta g(x+\Delta))^2\big] \tag{9-22}$$

将式(9-14)、式(9-18)、式(9-20)中的 t、γ、k 代入 M_0:

$$M_0=E_{x\sim D_0}\big[((k(x+\Delta)-t\alpha)(1-\alpha\gamma)g(x+\Delta)-\alpha\gamma Z)^2\big] \tag{9-23}$$

将其简写为:

$$M_0=E_{x\sim D_0}\big[((k-t\alpha)(1-\alpha\gamma)g-\alpha\gamma Z)^2\big] \tag{9-24}$$

其中 k、γ、g 均为关于 x 的函数。因此,在 x、Δ、Z 一定的前提下,M_0 为关于 α 的函数。令 $F(\alpha)=(k-t\alpha)(1-\alpha\gamma)g-\alpha\gamma Z$,则 $F(\alpha)$ 为关于 α 的二次函数,将其展开:

$$F(\alpha)=t\gamma g\alpha^2-(k\gamma g+tg+\gamma Z)\alpha+kg \tag{9-25}$$

令 $A_2 = t\gamma g, A_1 = k\gamma g + tg + \gamma Z, A_0 = kg$，展开如下：

$$A_2 = \frac{\beta h(x+\Delta) g(x+\Delta)}{\alpha(y(x) + Z - \beta g(x+\Delta))} \tag{9-26}$$

$$A_1 = \frac{y(x) h(x+\Delta) + h(x+\Delta) Z}{y(x) + Z - \beta g(x+\Delta)} + \frac{\beta g(x+\Delta)}{\alpha} \tag{9-27}$$

$$A_0 = y(x) \tag{9-28}$$

$$y(x) + Z - \beta g(x+\Delta) = (1+\varepsilon) y(x) - \beta g(x+\Delta) \tag{9-29}$$

因此，$F(\alpha)$ 可简化如下：

$$F(\alpha) = A_2 \alpha^2 - A_1 \alpha + A_0 \tag{9-30}$$

通常知识驱动方法对于对抗攻击具有较高的鲁棒性，攻击向量无法对知识驱动方法的输出结果造成较大影响，因此：

$$g(x+\Delta) \approx g(x) \approx \frac{y(x)}{k(x)} \tag{9-31}$$

针对式(9-29)进行分析可得，当 $(1+\varepsilon)/k(x) - \beta > 0$ 时：

$$y(x) + Z - \beta g(x+\Delta) > 0 \tag{9-32}$$

因此，根据式(9-26)~式(9-28)，$A_2 > 0, A_1 > 0, A_0 > 0$。

由于 $F(\alpha)$ 是一个开口向上并且关于 $A_1/(2A_2)$ 对称的二次函数。当 $\alpha = 0$ 时 $F(0) = A_0 > 0$。通过分析其对称轴可得：

$$\frac{A_1}{2A_2} = \frac{\alpha(y(x) + Z)}{2\beta g(x+\Delta)} + \frac{y(x) + Z - \beta g(x+\Delta)}{2h(x+\Delta)} \tag{9-33}$$

令 $\tilde{y} = y + Z, \tilde{g} = g(x+\Delta), \tilde{h} = h(x+\Delta)$。

$$\frac{A_1}{2A_2} = \frac{(\tilde{y} + \beta \tilde{g})(\tilde{y} - \beta \tilde{g})}{2\beta \tilde{h} \tilde{g}} > 0 \tag{9-34}$$

因此，在一定条件下，融合方法防御对抗攻击的能力强于数据驱动方法，即使下式成立：

$$|F(\alpha)|_{\alpha \in [0,1]} \leqslant |F(1)| \tag{9-35}$$

$$\Rightarrow \begin{cases} |A_2 \alpha^2 - A_1 \alpha + A_0| \leqslant |A_2 - A_1 + A_0|, \\ 0 \leqslant \alpha \leqslant 1 \end{cases} \tag{9-36}$$

(1) 若 $A_1/(2A_2) < 1$，则需要满足如下条件：

$$\begin{cases} F(0) \leqslant F(1), \\ F\left(\dfrac{A_1}{2A_2}\right) < F(1), \\ -F\left(\dfrac{A_1}{2A_2}\right) < F(1) \end{cases} \tag{9-37}$$

$$\Rightarrow \begin{cases} A_2 - A_1 \geqslant 0, \\ A_2^2 - A_1^2 + 8A_0A_2 - 4A_1A_2 > 0 \end{cases} \tag{9-38}$$

$$\Rightarrow \begin{cases} \tilde{h} < \dfrac{2\beta(1-\alpha)}{\alpha^2}\tilde{g}, \\ \tilde{h} \leqslant \dfrac{\beta(1-2\alpha)}{\alpha^2}\tilde{g}, \\ \tilde{h} < \dfrac{2\beta\sqrt{2+\dfrac{\alpha^2}{\beta}} - \alpha\beta - 2\beta}{\alpha^2}\tilde{g}, \\ \alpha < \dfrac{1}{2} \end{cases} \tag{9-39}$$

若 $\alpha < \dfrac{1}{2}$ 并且 $\beta > \dfrac{4\alpha^2}{\alpha^2 - 6\alpha + 1}$，则满足以下条件时，数据-知识融合模型的防御对抗攻击能力优于数据驱动模型。

$$\tilde{h} < \frac{2\beta\sqrt{2+\dfrac{\alpha^2}{\beta}} - \alpha\beta - 2\beta}{\alpha^2}\tilde{g} \tag{9-40}$$

若 $\alpha < \dfrac{1}{2}$ 并且 $\beta \leqslant \dfrac{4\alpha^2}{\alpha^2 - 6\alpha + 1}$，则满足以下条件时，数据-知识融合模型的防御对抗攻击能力优于数据驱动模型。

$$\tilde{h} \leqslant \frac{\beta(1-2\alpha)}{\alpha^2}\tilde{g} \tag{9-41}$$

$\alpha < \dfrac{1}{2}$ 的物理意义为数据-知识融合模型的特性更偏向于知识驱动的机理模型，并且当 α 较小时：

$$\frac{2\beta\sqrt{2+\dfrac{\alpha^2}{\beta}} - \alpha\beta - 2\beta}{\alpha^2}\tilde{g} > y \tag{9-42}$$

$$\frac{\beta(1-2\alpha)}{\alpha^2}\tilde{g}>y \tag{9-43}$$

考虑到对抗攻击中攻击者的攻击资源有限,并且需要使攻击向量绕过坏数据检测,因此无法使攻击目标的输出结果偏离正常值过大,因此下式恒成立。

$$\tilde{h}<\frac{2\beta\sqrt{2+\dfrac{\alpha^2}{\beta}}-\alpha\beta-2\beta}{\alpha^2}\tilde{g} \tag{9-44}$$

$$\tilde{h}\leqslant\frac{\beta(1-2\alpha)}{\alpha^2}\tilde{g} \tag{9-45}$$

综上所述,若数据-知识融合模型的特性更偏向于知识驱动模型,则其防御对抗攻击的能力优于数据驱动模型。

(2) 若$A_1/(2A_2)\geqslant1$,则需要满足如下条件:

$$\begin{cases}F(1)<0,\\ F(0)<-F(1)\end{cases} \tag{9-46}$$

$$\Rightarrow A_1-A_2-2A_0>0 \tag{9-47}$$

$$\Rightarrow\begin{cases}\tilde{h}\geqslant\dfrac{2\beta(1-\alpha)}{\alpha^2}\tilde{g},\\ \tilde{h}>\dfrac{2\alpha^2+\beta-2\alpha\beta}{\alpha^2}\tilde{g}\end{cases} \tag{9-48}$$

若$\alpha\geqslant\dfrac{1}{2}$,则满足以下条件时数据-知识融合模型防御对抗攻击的能力优于数据驱动模型。

$$\tilde{h}>\frac{2\alpha^2+\beta-2\alpha\beta}{\alpha^2}\tilde{g} \tag{9-49}$$

$\alpha\geqslant\dfrac{1}{2}$的物理意义为数据-知识融合模型的特性更偏向于数据驱动模型。由于

$$\frac{2\alpha^2+\beta-2\alpha\beta}{\alpha^2}>1 \tag{9-50}$$

因此当对抗攻击对数据驱动部分造成的影响远大于知识驱动部分时,下式成立:

$$\tilde{h}>\frac{2\alpha^2+\beta-2\alpha\beta}{\alpha^2}\tilde{g} \tag{9-51}$$

综上所述,若数据-知识融合模型的特性更偏向于数据驱动模型时,需要知识驱动

部分具有较高的鲁棒性,从而使数据-知识融合模型防御对抗攻击的能力优于数据驱动模型。

9.2.3　融合模型训练方法

通过在数据驱动模型前接入知识驱动模型来构造数据-知识融合模型,可有效利用知识驱动模型的可解释性提高数据驱动模型防御对抗攻击的能力。然而为了保证融合模型的计算效率,其中的知识驱动部分通常采用简化模型。融合模型的特性仍然偏向于数据驱动模型,若攻击者获取了详细的融合模型信息,仍可能构造出有效的攻击向量。因此,在融合模型的训练过程中,需要考虑对抗攻击可能造成的影响,从而提高数据驱动部分在对抗攻击下的鲁棒性。本节基于上文的漏洞挖掘方法对融合模型进行训练,如图 9-3 所示,通过交替迭代训练攻击向量生成器和融合模型,使融合模型的数据驱动部分在一定强度的对抗攻击下仍然具有较高的准确率。

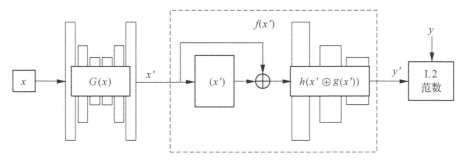

图 9-3　基于 GAN 的融合模型训练方法

GAN 利用攻击向量生成器和融合模型之间的博弈,对 2 个模型进行交替训练,从而提高融合模型防御对抗攻击的能力。攻击向量生成器和融合模型的训练过程可描述为如表 9-1 融合模型训练过程所示的 6 个步骤:

步骤 1:根据样本数据维度设置攻击向量生成器 G 和融合模型中的数据驱动部分 h 的模型规模,并且将神经网络权重 θ_G 和 θ_h 初始化为随机值或预训练结果。设置融合模型知识驱动部分 g 的参数和攻击向量生成器边界条件攻击扰动最大幅值 T。设置训练参数,包括 GAN 的最大迭代训练次数 M_{GAN},攻击向量生成器和融合模型的最大损失 ε_G 和 ε_h,以及学习率 α_G 和 α_h。

步骤 2:将原始数据集随机分为训练数据集 (X_S,Y_S) 和测试数据集 (X_T,Y_T),训练数据集用于在每次迭代中更新神经网络的参数,测试数据集用于计算损失并评估训练效果。

步骤 3:对融合模型进行初始化训练。设置式(9-3)中的 $\lambda_1=0,\lambda_2=1$。从训练集

中获取样本 m 的数据 x_m，并将其输入融合模型 f。计算损失 L_f 和梯度 ∇_f，更新模型参数 θ_h。循环该步骤，直到损失 $L_f \leqslant \varepsilon_h$ 或循环次数 $i_{f1} \geqslant M_{\text{Train}}$。

$$\theta_h = \theta_h - \alpha_h \, \nabla_f L_f \qquad (9-52)$$

步骤 4：训练攻击向量生成器。从训练集中获取样本 n 的数据 x_n，并将其输入攻击向量生成器 G，计算得到含有攻击向量的样本数据 x'_n。将 x'_n 输入融合模型得到融合模型在攻击下的响应 y'。计算攻击向量生成器的损失 L_G 和梯度 ∇_G，更新模型参数 θ_G。循环该步骤，直到损失 $L_G \leqslant \varepsilon_G$ 或循环次数 $i_G \geqslant M_{\text{Train}}$。

$$\theta_G = \theta_G - \alpha_G \, \nabla_G L_G \qquad (9-53)$$

步骤 5：训练融合模型。针对式（9-3）中的 λ_1 和 λ_2 设置合适的值，将步骤 4 中最后一次循环得到的 x'_n 输入融合模型得到融合模型在攻击下的响应 y'。计算融合模型的损失 L_f 和梯度 ∇_f，根据式（9-52）更新模型参数 θ_h。循环该步骤，直到损失 $L_f \leqslant \varepsilon_h$ 或循环次数 $i_{f2} \geqslant M_{\text{Train}}$。

步骤 6：重复步骤 4 和步骤 5，直到攻击向量生成器和融合模型无更优的模型参数更新，即 $i_G = i_{f2} = 1$，或者迭代训练次数 $i_{\text{GAN}} \geqslant M_{\text{GAN}}$。

训练完成后，可获得具有较高防御对抗攻击能力的融合模型。

表 9-1　融合模型训练过程

Input：
各样本输入数据 X
各样本的标签 Y
攻击向量生成器 G 的初始模型参数 θ_G
融合模型知识驱动部分 g
融合模型数据驱动部分 h 的初始模型参数 θ_h
攻击向量扰动幅值限制 T
GAN 最大迭代次数 M_{GAN}
攻击向量生成器最大损失 ε_G
融合模型最大损失 ε_h
攻击向量的学习率 α_G
融合模型的学习率 α_h
Output：
融合模型 f Initialize：
$[(X_S, Y_S), (X_T, Y_T)] = \text{Random}(X, Y)$
for i_{f1} in 1：M_{Train} **do**
$L_f = \min E[\parallel y - f(x_m) \parallel_2^2]$
$\theta_h = \theta_h - \alpha_h \nabla_f L_f$
if $L_f \leqslant \varepsilon_h$ **then**

续表

```
            break
        end if
    end for


for i_GAN in 1:M_GAN do
    for i_G in 1:M_Train do
        L_G = minE[-log(‖y-f(G(x_n))‖²₂)]
        θ_G = θ_G - α_G ∇_G L_G
        if L_G ≤ ε_G then
            break
        end if
    end for
    for i_f2 in 1:M_Train do
        L_f = min λ₁E[‖y-f(x'_n)‖²₂] + λ₂E[‖y-f(x_n)‖²₂]
        θ_h = θ_h - α_h ∇_f L_f
        if L_f ≤ ε_h then
            break
        end if
    end for
    if i_G = i_f2 = 1 then
            break
    end if
end for
```

9.3　数据-知识融合方法的防御效果

本节在基于数据驱动的 CCT 预测策略前串联 IEEAC,从而构造数据-知识融合模型。为了验证数据-知识融合方法对于提高不同数据驱动方法鲁棒性的有效性,本节分别选取 ELM、AlexNet 和 SqueezeNet 作为融合模型的数据驱动部分,分别统计数据驱动模型、初始融合模型和漏洞挖掘后的完备融合模型的鲁棒性指标 σ,如表 9-2 不同模型的鲁棒性指标所示。从统计结果中可以看出,数据-知识融合模型的鲁棒性高于数据驱动模型,并且融合模型的数据驱动部分复杂度提高可使融合模型的鲁棒性提高。通过本章的漏洞挖掘方法对融合模型进行漏洞挖掘,从而得到完备融合模型,可进一步提高其鲁棒性。

表 9 - 2　不同模型的鲁棒性指标

模型类型	数据驱动算法	鲁棒性指标 σ
数据驱动模型	ELM	0.406 1
	AlexNet	0.354 6
	SqueezeNet	0.389 0
初始融合模型	IEEAC＋ELM	0.314 2
	IEEAC＋AlexNet	0.265 6
	IEEAC＋SqueezeNet	0.298 6
完备融合模型	IEEAC＋ELM	0.166 2
	IEEAC＋AlexNet	0.146 1
	IEEAC＋SqueezeNet	0.220 0

不限制攻击者的攻击资源,针对各类数据驱动模型、初始融合模型和完备融合模型生成攻击向量,并将其注入各类模型中,统计对抗攻击造成的 CCT 预测结果偏移量,如图 9 - 4 所示。针对数据驱动模型,对抗攻击对 CCT 预测结果的影响较大,各类模型的输出结果偏移量平均可达到约 100 ms。针对初始融合模型,对抗攻击对 CCT 预测结果的影响略有降低,各类模型的输出结果偏移量平均为 80 ms。说明初始融合模型虽然通过增强自身可解释性使其鲁棒性增强,但数据驱动部分仍然存在可被攻击者利用的漏洞,从而构造能够干扰融合模型输出结果的攻击向量。然而利用漏洞挖掘方法对初始融合模型进行训练得到完备融合模型后,对抗攻击对 CCT 预测结果的影响大幅度降低,各类模型的输出结果偏移量平均约为 30 ms。该结果说明通过数据-知识融合方法增强模型可解释性,并且通过漏洞挖掘方法挖掘并修复数据驱动模块中隐藏的漏洞,可有效提高 CCT 预测策略的鲁棒性,使其在输入含有攻击向量的数据时仍然能够输出较为准确的预测结果。

统计针对数据驱动模型和完备融合模型进行对抗攻击时攻击者所需的攻击资源,如表 9 - 3 和表 9 - 4 所示。针对数据驱动模型,攻击者通常仅需篡改少于 3 个节点的量测数据即可达到预期攻击目标。并且攻击者倾向于篡改 G6、G8、G9、G10 的量测数据,说明数据驱动模型中针对这些节点的数据处理过程存在漏洞,攻击者利用这些漏洞生成的攻击向量可干扰 CCT 预测策略,使其输出偏离正常值较大的结果。针对完备融合模型,攻击者需要同时篡改多个节点的量测数据,并且对于 IEEAC＋AlexNet 融合模型和 IEEAC＋SqueezeNet 融合模型,攻击者甚至需要对 10 个节点的量测数据进行篡改,然而攻击造成的效果不一定能够达到攻击者预期。因此,若攻击者的攻击

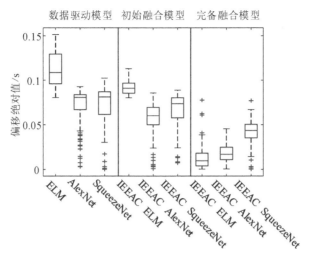

图 9-4   对抗攻击对不同模型造成的影响

资源有限,仅能对某几个节点的数据进行篡改,则无法有效干扰完备融合模型的输出结果。该结果证明了本章提出的数据-知识融合方法和漏洞挖掘方法对于防御对抗攻击的有效性。

表 9-3   针对不同模型的被攻击节点数量统计

模型类型	被攻击节点数量	样本数量占比
ELM	1	0.320 0
	2	0.680 0
	3	0.326 7
AlexNet	1	0.093 3
	2	0.553 3
	4	0.026 7
SqueezeNet	1	0.006 7
	2	0.106 7
	3	0.200 0
	4	0.073 3
	6	0.020 0
	7	0.026 7
	8	0.026 7
	9	0.033 3
	10	0.506 7

模型类型	被攻击节点数量	样本数量占比
IEEAC+AlexNet	3	0.006 7
	6	0.006 7
	8	0.006 7
	9	0.006 7
	10	0.973 3
IEEAC+ELM	2	0.033 3
	4	0.120 0
	3	0.093 3
	5	0.026 7
	6	0.046 7
	7	0.040 0
	8	0.046 7
	9	0.033 3
	10	0.560 0
IEEAC+SqueezeNet	9	0.033 3
	10	0.960 0

表 9-4　针对不同模型的各节点被攻击概率统计

节点编号	模型类型	节点被攻击概率
G1	IEEAC+ELM	0.103 9
	IEEAC+AlexNet	0.100 0
	SqueezeNet	0.053 0
	IEEAC+SqueezeNet	0.100 4
G2	IEEAC+ELM	0.071 5
	IEEAC+AlexNet	0.100 0
	SqueezeNet	0.057 3
	IEEAC+SqueezeNet	0.099 7
G3	ELM	0.003 3
	AlexNet	0.002 2
	IEEAC+ELM	0.082 8
	IEEAC+AlexNet	0.102 2
	SqueezeNet	0.060 7
	IEEAC+SqueezeNet	0.100 4

续表

节点编号	模型类型	节点被攻击概率
G4	IEEAC＋ELM	0.068 7
	IEEAC＋AlexNet	0.100 0
	SqueezeNet	0.066 6
	IEEAC＋SqueezeNet	0.100 4
G5	AlexNet	0.003 9
	IEEAC＋ELM	0.071 0
	IEEAC＋AlexNet	0.097 3
	SqueezeNet	0.067 2
	IEEAC＋SqueezeNet	0.100 4
G6	ELM	0.090 0
	AlexNet	0.008 9
	IEEAC＋ELM	0.068 7
	IEEAC＋AlexNet	0.098 9
	SqueezeNet	0.209 8
	IEEAC＋SqueezeNet	0.100 4
G7	ELM	0.113 3
	AlexNet	0.029 4
	IEEAC＋ELM	0.087 6
	IEEAC＋AlexNet	0.098 9
	SqueezeNet	0.089 3
	IEEAC＋SqueezeNet	0.098 2
G8	ELM	0.166 7
	AlexNet	0.335 6
	IEEAC＋ELM	0.121 5
	IEEAC＋AlexNet	0.101 1
	SqueezeNet	0.134 3
	IEEAC＋SqueezeNet	0.100 4
G9	ELM	0.406 7
	AlexNet	0.336 7
	IEEAC＋ELM	0.162 1
	IEEAC＋AlexNet	0.099 2
	SqueezeNet	0.160 1
	IEEAC＋SqueezeNet	0.099 0

节点编号	模型类型	节点被攻击概率
G10	ELM	0.220 0
	AlexNet	0.283 3
	IEEAC＋ELM	0.162 1
	IEEAC＋AlexNet	0.102 2
	SqueezeNet	0.101 7
	IEEAC＋SqueezeNet	0.100 4

9.4 本章小结

数据驱动控制策略遭受对抗攻击输出错误结果的本质在于模型可解释性不足及分类边界模糊,攻击者可利用数据驱动模型中存在的漏洞构造攻击向量,从而误导其输出错误结果。本章从漏洞挖掘和模型鲁棒性,对数据驱动控制策略可能遭受的对抗攻击进行防御。考虑对抗攻击可能造成的影响,提出了控制策略在对抗攻击下的鲁棒性判别指标,并且提出了基于 GAN 的漏洞挖掘方法,可有效提高数据驱动模型在对抗攻击下的鲁棒性。针对数据驱动模型可解释性较差的缺陷,提出了数据-知识融合模型,利用知识驱动模型的可解释性提高融合模型的鲁棒性,使其在输入含有攻击向量的数据时仍然能够输出正确结果。

9.5 参考文献

[1] 和敬涵,罗国敏,程梦晓,等. 新一代人工智能在电力系统故障分析及定位中的研究综述[J]. 中国电机工程学报,2020,40(17)：5506 - 5516.

[2] 杨博,陈义军,姚伟,等. 基于新一代人工智能技术的电力系统稳定评估与决策综述[J]. 电力系统自动化,2022,46(22)：200 - 223.

[3] 李峰,王琦,胡健雄,等. 数据与知识联合驱动方法研究进展及其在电力系统中应用展望[J]. 中国电机工程学报,2021,41(13)：4377 - 4390.

[4] 张俊,许沛东,陈思远,等. 物理-数据-知识混合驱动的人机混合增强智能系统管控方法[J]. 智能科学与技术学报,2022(4)：571 - 583.

[5] Ian J G,Jonathon S,Christian S. Explaining and Harnessing Adversarial Exam-

ples[EB/OL]. arXiv preprint,2014,arXiv:1412. 6572.

[6] Aleksander M,Aleksandar M,LudwigS,et al. Towards deep learning models resistant to adversarial attacks[C]// 6th International Conference on Learning Representations (ICLR 2018),Vancouver,BC,Canada,2018.

[7] Florian T,Alexey K,NicolasP,et al. Ensemble adversarial training：Attacks and defenses[EB/OL]. arXiv preprint,2017,(arXiv:1705. 07204).

[8] Harini K,Alexey K,Ian G. Adversarial Logit Pairing[EB/OL]. arXiv preprint,2018,(arXiv:1803. 06373).

[9] Liu X,Hsieh C. Rob-GAN：Generator,Discriminator,and Adversarial Attacker[C]// Proceedings of the IEEE/CVF Conference on Computer Vision and Pattern Recognition,2019:11226 − 11235.

[10] Yu J J Q,Hou Y,Li V O K. Online False Data Injection Attack Detection With Wavelet Transform and Deep Neural Networks[J]. IEEE Transactions on Industrial Informatics,2018,14(7):3271 − 3280.

[11] Bryant C,Wilka C,Nathalie B,et al. Detecting Backdoor Attacks on Deep Neural Networks by Activation Clustering[EB/OL]. arXiv preprint,2018,(arXiv:1811. 03728).

[12] Pouya S,Maya K,Rama C. Defense-GAN：Protecting Classifiers Against Adversarial Attacks Using Generative Models[EB/OL]. arXiv preprint,2018,arXiv:1805. 06605.

[13] Liu K,Dolan-Gavitt B,Garg S. Fine-Pruning：Defending Against Backdooring Attacks on Deep Neural Networks[C]// International Symposium on Research in Attacks,Intrusions,and Defenses (RAID 2018),2018:273 − 294.

[14] Wang B,Yao Y,Shan S,et al. Neural Cleanse：Identifying and Mitigating Backdoor Attacks in Neural Networks[C]// 2019 IEEE Symposium on Security and Privacy (SP),2019:707 − 723.

[15] Goswami G,Agarwal A,Ratha N,et al. Detecting and Mitigating Adversarial Perturbations for Robust Face Recognition[J]. International Journal of Computer Vision,2019,127(6):719 − 742.